中德财政合作项目Sino-German Financial Cooperation Project（2009—2014年）
京北风沙危害区植被恢复和水源保护林可持续经营Watershed Management on Forest Land Beijing
小型水体生态修复 Small Water Body Ecological Rehabilitation

北京山区河流生态修复技术指南

北京市水土保持工作总站
北京市林业碳汇工作办公室　编
北京市水科学技术研究院

内 容 提 要

本书共分7章，系统介绍了北京山区“小型水体生态修复研究与示范”项目在河流生态监测、评价、措施配置、修复技术、工程实践及生态效益评估等方面的做法和经验，提出了北京山区河流的生态监测与评价方法、河流生态修复目标与实现途径。

本书为山区河流生态修复工程技术成果，主要供水利技术人员在河流生态监测、评价、规划、设计、施工及效益评估中参考使用，也可供河流生态修复研究者参考。

图书在版编目（CIP）数据

北京山区河流生态修复技术指南 / 北京市水土保持工作总站，北京市林业碳汇工作办公室，北京市水科学技术研究院编. -- 北京 : 中国水利水电出版社，2016.1
ISBN 978-7-5170-4046-0

Ⅰ. ①北… Ⅱ. ①北… ②北… ③北… Ⅲ. ①山区河流－生态恢复－北京市－指南 Ⅳ. ①X522.06-62

中国版本图书馆CIP数据核字(2016)第014372号

书 名	**北京山区河流生态修复技术指南**
作 者	北京市水土保持工作总站 北京市林业碳汇工作办公室 编 北京市水科学技术研究院
出版发行	中国水利水电出版社 （北京市海淀区玉渊潭南路1号D座 100038） 网址：www.waterpub.com.cn E-mail：sales@waterpub.com.cn 电话：（010）68367658（发行部）
经 售	北京科水图书销售中心（零售） 电话：（010）88383994、63202643、68545874 全国各地新华书店和相关出版物销售网点
排 版	北京时代澄宇科技有限公司
印 刷	北京博图彩色印刷有限公司
规 格	170mm×230mm 16开本 4.75印张 66千字
版 次	2016年1月第1版 2016年1月第1次印刷
印 数	0001—3000册
定 价	48.00元

《北京山区河流生态修复技术指南》

编　委　会

主　　编： 段淑怀　周彩贤　吴敬东　王小平　叶芝菡

Albert Gottle　Walter Otto Binder

参编人员： 智　信　陈峻崎　袁爱萍　杨元辉　毕勇刚

李京辉　周　嵘　陈芳孝　朱建刚　邹大林

化相国　侯旭峰　常国梁　宿　敏　曹　慧

胡晓静　胡宗明　王奋忠　贺鸿文　杨　华

孙翠莲　谢安国　刘佳璇　黄炳彬　关卓今

彭海燕　孙　迪　张满富　杨　坤　李世荣

阳文兴　尹玉冰　韩　栋　易作明　钟　莉

贾瑞燕　包美春　赵　宇　张　超　颜婷燕

前　言

在20世纪，世界各地为了控制洪水，保护河滩地的农田及基础设施，大量开展围河造田及河道渠道化等工程。这种做法扩大了土地开发利用面积，但对河流生态状况产生了灾难性的后果，造成河流行洪空间的丢失、河流生境与生物多样性破坏并降低河流的休闲娱乐价值。

世界各国逐渐认识到河流生态的重要性，欧美等国家通过立法及制定相关技术标准和规范来保护生态河流并对已遭到破坏的河流开展生态修复，最重要的就是欧洲水框架指令（EU Water Framework Directive，2000年）；这个指令提出到2015年实现"良好的河流状态"，"从调整河流满足人类需求，转向调整人类利用满足河流系统健康"。

根据德国复兴银行与中国财政部签署的中德财政合作"Watershed Management on Forest Land Beijing"项目贷款和财政协议要求，2009年北京市水务局与北京市园林绿化局合作开展了中德财政合作项目"小型水体生态修复研究与示范"。项目采用欧盟水框架指令的标准，在北京北部山区密云县、怀柔区、延庆县和昌平区地表水源涵养区开展6条河流（段）88km长河道的生态调查、评价、规划、设计和生态修复工程。其目的是修复河道的生态功能，增加水体的生态和景观价值。截至2014年年底，在德国专家的具体指导下，已完成项目的生态监测、评价、规划、设计、施工、验收和后评估等工作，形成了一套符合北京山区河流生态修复的技术和方法。

本书借鉴德国专家总结的德国河流生态修复的理念、技术、资料及图片，收集整理了北京山区"小型水体生态修复研究与示范"项目的经验及成果，以文字、照片及设计图等形式对各项生态技术加以归纳总结及介绍，阐述河流生态修复的理念及技术，展示项目在河流生态监测、评价及修复方面的经验和做法。

本书得到了北京市水土保持工作总站、北京市园林绿化国际合作项目管理办公室（北京市林业碳汇工作办公室）、区县（密云县、延庆县、怀柔区和昌平区）水土保持工作站、北京市水科学技术研究院等北京山区“小型水体生态修复研究与示范”项目管理、监测、规划、设计、施工和监理单位的支持，在此一并表示感谢。

由于时间仓促，水平有限，书中难免有疏漏和不妥之处，敬请读者批评指正。

编　者

2015年10月

目　录

第1章 概 述

1.1 河流基本情况

我国是一个河流众多的国家，根据第一次全国水利普查公报，全国共有流域面积 50km^2 及以上河流 45203 条，总长度为 150.85 万 km；流域面积 100km^2 及以上河流 22909 条，总长度为 111.46 万 km；流域面积 1000km^2 及以上河流 2221 条，总长度为 38.65 万 km；流域面积 10000km^2 及以上河流 228 条，总长度为 13.25 万 km。

根据北京市第一次水务普查公报，北京全市流域面积 10km^2 及以上的河流 425 条，总长度为 6414km，其中山区河流总长度为 3933km，大部分为季节性河流。

1.2 河流生态功能

河流生态系统是指在河流内生物群落和河流环境相互作用的统一体。欧美发达国家认为人类大规模的经济活动是损害河流生态系统健康的主要原因。在人类进行大规模经济活动前的纯自然河流，可以定义为原始状态。原始状态河流生态系统具有较为合理的结构和较为完善的功能，处于一种自然演进的健康状态，自然系统优于人工系统；人类活动干扰前的自然状态优于干扰后的状况。人类活动干扰前的河流是有生命、动态的系统，水的流动和泥沙的迁移变化是动植物栖息地可持续的发展变化过程，这些水文地貌的发展过程决定了河流、滩地及河岸带动植物的生活环境。

（1）河流是动态的系统，是水流和泥沙不断迁移、冲刷及沉淀的发生发展过程，是水文地貌不断发展变化的过程。水流在河床及河漫滩范围内自由流动及迁移摆动。河流在纵向上连续，在横向上连通，与地下水连通，河流水文地貌具有多样性。自然生态河流的水文地貌特征如图 1–1 所示。

▲ 图 1-1　自然生态河流的水文地貌特征

（2）河流是由河床、河岸和河漫滩（分别对应不同的水位条件）组成的完整的生态单元。山前河流如图 1–2 所示。

（a） 低水位

（b） 高水位

▲ 图 1-2　山前河流

（3）河流是生物多样性和栖息地的敏感地带，在河床、河岸和河漫滩分布着种类众多的植物与动物（图 1–3 和图 1–4）。

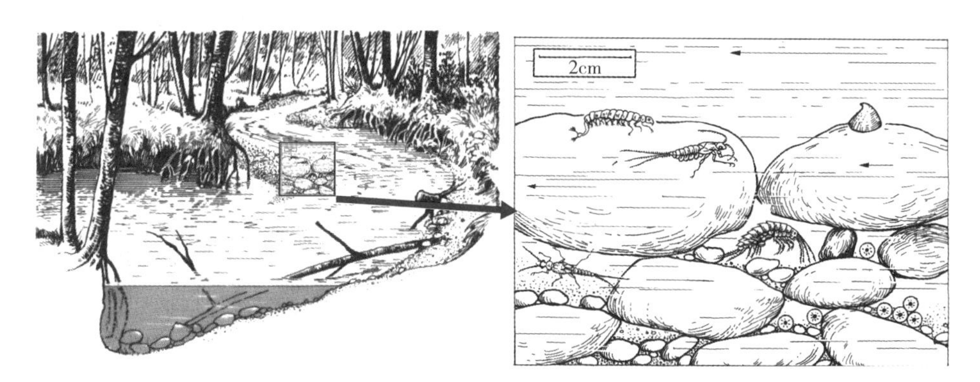

▲ 图 1-3 自然河道中的（动植物）生活环境　▲ 图 1-4 河床为微小动植物提供的微小生活环境

（4）河流随着时空变化，河流生物呈地带性连续分布并发展变化（图 1–5）。

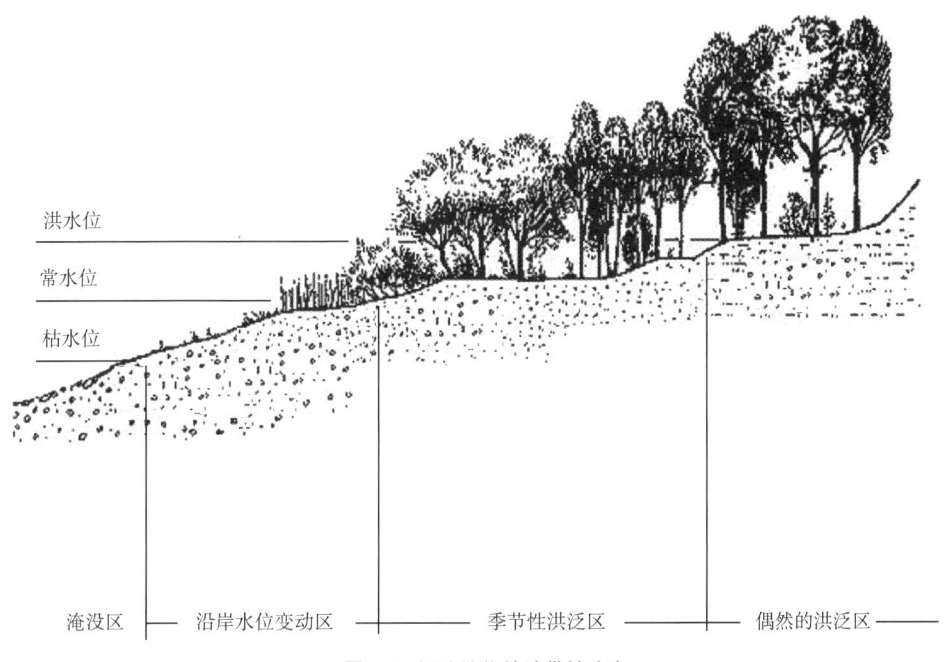

▲ 图 1-5 河流植物的地带性分布

（5）河流对其形态构造和生境具有自我修复能力（图 1–6）。

▲ 图 1-6　自然生态的河流

（6）河流生态系统服务功能显著。河流生态系统服务是指人类直接或间接从河流生态系统功能中获取的利益。按照功能作用性质的不同，河流生态系统服务的类型可归纳划分为淡水供应、水能提供、物质生产、生物多样性的维持、生态支持、环境净化、灾害调节、休闲娱乐和文化孕育等。目前，国内对河流在防洪、发电、航运、供水等方面的服务给予了充分的重视，但对河流生物多样性和生物栖息地等方面的服务还缺乏足够的认识。

1.3 河流生态问题

近 150 年来，人类对水资源的需求大量增加，大量点源与非点源污染排入河流，同时为了控制洪水，保护滩地的农田及基础设施，大规模开展围河造田、河道渠道化、裁弯取直、筑堤、修建横向拦水坝及河岸固化等建设活动，大部分的河流及溪流被污染或破坏，造成全球范围内河流生态系统的退化。根据德国2002年大型河流水文地貌调查评估数据显示，70%的河道受到了影响，生态状况存在问题。

由于水资源过度无序开发、围河造田建房以及污染物排放等原因，我国许多中小河流存在着水污染加剧、水资源短缺、河流生态环境遭到破坏等一系列问题，造成河流生态功能不断退化。目前，大多数城市河道的自然生态功能已受到不同程度的破坏，同时随着人口增加、经济发展，这种破坏有向河流上游、源头等乡村小型河流发展的趋势。

根据2011年北京市第一次水务普查中水土保持普查结果，全市山区共有576条小流域，对小流域内4258km主河（沟）道的水文地貌情况逐段进行调查评价，结果显示水文地貌状况比较好的河（沟）段长度占到总长度的78.87%，其余21.13%长度的河（沟）段均受到不同程度的人类活动影响，主要包括对河（沟）道的束窄、岸坡硬化、横向拦水及河底衬砌等。

北京2012年“7.21”暴雨产生特大洪水灾害，导致全市576条小流域中134条小流域发生了洪水，洪水发生率为23%。经洪水灾害调查表明，除降水强度及洪峰流量大以外，山区河流防洪空间不足、横向拦水建筑物多及河流纵向连续性差等问题，是造成洪水灾害的重要原因。

1.4 河流生态修复现状

西方发达国家经历100多年的对河流大规模开发利用后，从20世纪50年代开始，逐步把重点从开发利用转向对河流的保护及生态修复，大致经历了水质恢复、山区溪流和小型河流生态恢复、以单物种恢复为标志的大型河流生态修复和流域尺度的整体生态恢复四个阶段。从50年代开始以水质恢复为第一阶段，该阶段以污水处理为重点，以水质的化学指标达标为目标，进行河流保护。到80年代初期转入第二阶段即河流生态恢复阶段，该阶段以建设小型河流的生态恢复工程为特点，河流保护的重点从水质改善扩展到河流生态系统的恢复，恢复目标多为物种恢复，典型案例是阿尔卑斯山区相关国家，诸如德国、瑞士、奥地利等国开展的“近自然河流修复”工程。

2000年，欧盟颁布了《欧盟水框架指令》，提出到2015实现“良好的河流状态”,“从调整河流满足人类需求,转向调整人类利用满足河流系统健康”。1972年美国的清洁水法，提出保护和恢复国家水体的化学、物理和生物完整性。澳大利亚启动了国家河流健康计划。南非水事务及森林部也于1994年开展了河流健康计划，对河流状况进行直接、整体与综合的评价。河流生态修复已经成为世界各地快速发展的产业。

在国内，许多学者开展了河流生态系统的研究工作，水利部及一些省市水利部门也开展了河流生态修复试点工作。但总体上国内对自然河道的生态属性还缺乏深刻认识，河流生态服务价值还没有得到普遍重视，习惯上沿用城市河道的治理方法治理山区河道，存在增加水面或绿化等于生态的认识误区，存在将自然河流由生态治理成不生态的现象。

山区是城市的生态屏障，山区河（沟）道是河流的发源地及主要涵养地，保持山区河流的自然属性及生态功能十分重要。对山区河流监测、评估其生态状况，明确治理与保护的关系，开展生态修复研究，探讨生态修复的模式与技术，对山区河流的生态保护与修复具有重要意义。

1.5 北京山区河流生态修复示范工程

北京是一个多山的城市，总面积16410km^2，其中山区面积占总面积的61.4%（约10072km^2）。山区是北京重要的水源保护地和生态屏障。

根据德国复兴银行与中国财政部签署的中德财政合作项目贷款和财政协议要求，2009年北京市水务局与北京市园林绿化局合作开展了中德财政合作“小型水体生态修复研究与示范”，为北京山区河流生态修复的研究与实践带来了契机。本项目示范区（图 1–7）共有 6 条河流或河段，其中：2 条为独立河流，3 条为较大河流的河源部分，1 条为怀九河的下游河段。示范区河道总长 88.3km，位于北京山区 6 条小流域内（北京山区共有 576 条小流域），均属于北京北部山区地表水源涵养区。

表 1–1　　示范区基本情况

序号	所在小流域名称	省市	区（县）	流域面积 /km^2	河流（段）长度 /km	河流类型	所属河流
1	黄峪口	北京市	密云	11.3	18.8	小型	蛇鱼川上游
2	北宅		怀柔	347.2	1.3	中型	怀九河下游河段
3	花果山		昌平	15.2	14.8	小型	蔺沟河源段
4	王家园			26.9	17.2	小型	温榆河河源段
5	上水沟		延庆	29.6	22.8	小型	下水沟
6	西沟里			14.9	13.4	小型	四海镇沟
合计	6条		4	445.1	88.3		

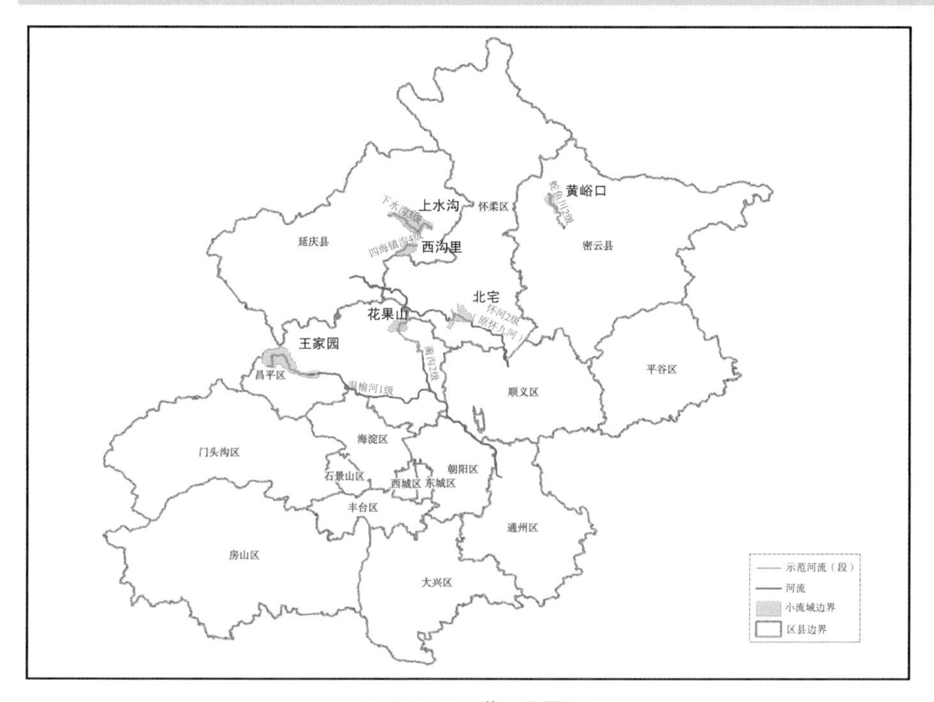

▲ 图 1-7　示范区位置图

第2章 河流生态监测与评价

对河流开展生态监测与评价是十分必要的，通过监测与评价，可以明确哪些河流生态状况好、应以保护为主、杜绝破坏，明确哪些河流生态状况差、存在何种问题及其限制性因素，为生态修复提供依据。生态修复工程开始前和完成后均应开展生态监测与评价，其结果的对比可用于评估生态修复效益，并通过与预设目标比较，厘清已实现的目标和仍需完善的方向，明确未解决问题及后期维护重点。

2.1 欧盟水框架指令对河流生态监测与评价的要求

欧盟水框架指令（Water Framework Directive，WFD）相当于欧盟的水法，规范了27个欧盟成员国的水管理，规定各国到2015年要拥有“良好化学与生态状态”的水体。为达到这样的目标，WFD对水域监测提出了明确的指令和指导性文件。其中第八条制定了地表水、地下水和保护区的监测要求。对于地表水，明确了河流、湖泊等各种水体生态状况分级的评价要素和分级标准，要求对河流的生物、水文地貌和物理化学等三大评价要素实施监测。

WFD对河流生态状况制定了五级评估体系（Ⅰ级至Ⅴ级，分别指示极好、好、中等、差、极差状态），对生态状况不好的水体（Ⅲ级至Ⅴ级），应采取生态修复措施，提升生态级别。

河流基于生物要素的生态质量评价分为五级，衡量的标准是河流生物受到扰动的程度，明确了水体生态状况分级的生物评价要素为水生植物、底栖生物，无脊椎动物和鱼类的组成、数量和多样性及其鱼类的年龄结构等。

- Ⅰ级（极好）：水体生物评价要素物种组成、数量和多样性基本与未扰动前状态一致，存在所有特定类别的物种，鱼的年龄结构及群落显示基本未受到人为干扰。
- Ⅱ级（好）：水体生物评价要素的生态状况已显示轻微受到人为扰动，稍微偏离了完全未受人为扰动的生态状态。
- Ⅲ级（中等）：水体生物评价要素的生态状况一定程度上偏离了未受人为扰动的生态状态，受扰动程度明显高于生态状况好的河流，但在可接受范围内。
- Ⅳ级（差）：与未受扰动的相同水体类型相比，水体生物评价要素发生很大改变，生物群落发生本质改变。
- Ⅴ级（极差）：与未受扰动的相同水体类型相比，水体生物评价要素发生本质改变，大部分生物群落消失。

2.2 河流生态监测

2.2.1　监测要素与方法

借鉴欧盟水框架指令的监测体系，通过山区河流生态修复示范项目多年的试验研究与实践推广，提出适宜于北京山区河流的生态监测要素与方法，见表 2-1。

监测网点布设应考虑不同要素的监测要求，尽可能反映不同程度人为干扰下河流生态状况，同时兼顾监测费用的经济性。监测点位一旦确定不应随意更改。示范区监测点布设情况见表 2-2。

表 2–1　北京山区河流生态监测要素与方法

监测要素	监测内容	监测方法	监测时间与频率
生物	维管束植物	样带法和样方法结合	每年监测 1 次，在植物主要生长季节开展
	大型底栖无脊椎动物	D 型网、S 型采样法	每年监测 1 次，在夏季、河道低水位条件下进行
	浮游植物	浮游生物网法	每年采样 6 次，每个季节 2 次，冬季不采样
	鱼类	网捕法	6 年监测 3 次，在晚夏或初秋进行
水文地貌	水文、地貌和河流连续性	实地调查与 GPS、GIS 技术结合	生态修复工程实施前、后各监测 1 次
物理化学	水温、溶解氧、pH 值、化学需氧量、营养元素等	固定网点、定期采样	一年至少采样 4 次，按季采集，汛期可适当加测

表 2–2　示范区监测网点布设与频次

河流（段）	监测项目	监测点数量/个
蛇鱼川上游（密云黄峪口小流域内）	生物	植被4，底栖2，浮游1
	水文地貌	全沟
	物理化学	4
怀九河下游北宅大桥附近河段（怀柔北宅）	生物	植被4，底栖2，浮游0
	水文地貌	全沟
	物理化学	2
下水沟（延庆上水沟小流域内）	生物	植被3，底栖0，浮游2
	水文地貌	全沟
	物理化学	2
四海镇沟（延庆西沟里小流域内）	生物	植被3，底栖1，浮游0
	水文地貌	全沟
	物理化学	1
蔺沟河源段（昌平花果山小流域内）	生物	植被3，底栖2，浮游0
	水文地貌	全沟
	物理化学	3
温榆河河源段（昌平王家园小流域内）	生物	植被2，底栖1，浮游0
	水文地貌	全沟
	物理化学	1

2.2.2 生物监测

生物监测包括大型底栖无脊椎动物、维管束植物、鱼类、浮游植物等四大类。

1. 大型底栖无脊椎动物

底栖动物对水体的清洁程度具有很强的指示性，通过监测底栖动物的组成、数量来反映水体的清洁程度及受人类的干扰程度。借鉴美国加利福尼亚州溪流底栖动物采样方法，研究并建立适合于北京山区河流的底栖动物采样方法。在常流水的河段布设采样点，采样地点确定后，对固定长度（150m 或 250m）的河段分 11 个断面采集底栖动物，采用孔径为 0.5mm 的 D 形网自下游向上游逐断面采集，汇总为一个样本，在野外挑拣所有个体，使用 75% 的乙醇固定保存，带回到实验室进行种类鉴定、计数和称量（图 2–1）。

▲ 图 2-1 底栖动物采样

2. 维管束植物

选择典型河段开展监测，一般选择在自然河段、村庄周边河段和治理工程段。河段长度一般为 50m，最长不超过 100m。在典型河段设置 1 ~ 3 个样带，通过踏查方式实施快速调查，记录水宽、河岸带宽、植被组分结构等，在样带内开展样方调查。每个样带布设 3 ~ 6 个样方，沿河床往两岸分布（图 2–2）。对样方内植物进行种类鉴定、计数并测量高度和盖度（图 2–3）。

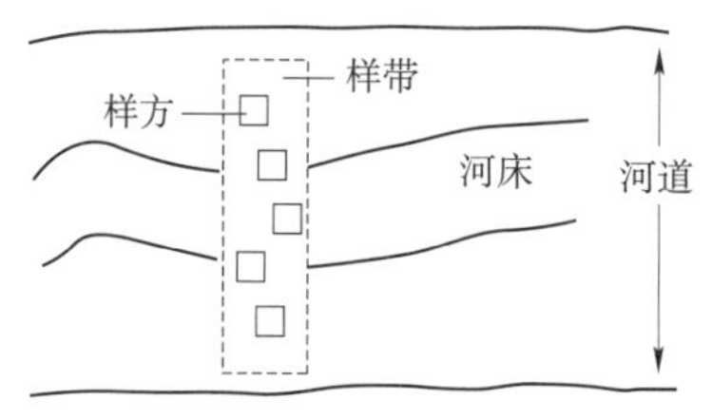

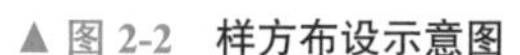
▲ 图 2-2　样方布设示意图

▲ 图 2-3　样方调查

3. 鱼类

对有常流水的大中型河流开展鱼类监测。监测点布设在河流中下游，选择人工景观较少的区域，采用网捕法采集样品。有渔民的地方，同时从渔民渔获物中获取相应样品。监测种类、数量与年龄结构，现场鉴定、计数和称量。

4. 浮游植物

在湖泊、塘坝或流速缓慢的较大河流中监测浮游植物。利用浮游植物采集网采集样品，用固定液固定后运回实验室进行定性、定量测定。

2.2.3　水文地貌监测

水文地貌特征是河流的重要属性，是影响河流生态系统的重要因子。水文地貌要素指河流中支撑生物生存的水文和地貌要素，包括河流水文状况、地貌状况（河流宽深变化、河床结构与底质、河岸地带结构等）和河流的连续性（横向、纵向和垂向连续性）。本研究借鉴欧盟国家特别是德国的河流水文地貌监测方法，得出了适宜于北京山区河流的方法。

1. 监测因子

水文地貌监测因子见表 2–3，针对河床、河岸、河漫滩等监测以下内容：①基本数据，地理位置、地质状况、平面形态和径流时间等；②水文地貌特征，调查影响河流三向（纵向、横向和垂向）连续性的工程，内容包括河流的河堤工程、横向拦挡建筑物和河底改造工程；③植被特征，调查河流植被受人类活动改造或破坏的程度；④岸边带土地利用，调查河道防洪标准范围内河滩地的主要土地利用类型；⑤污染物及其他人为活动，调查河流是否有污水排放、垃圾倾倒、采砂、取水、跨河桥 / 路、侵占河道等情况。

表 2–3　　河流水文地貌的监测因子

编号	类	因　子	属　性
河床			
1	几何形态	平面形态	直的；交错、辫状的；弯曲、蜿蜒的
2	底质	人工化	硬质化（浆砌石、混凝土铺底等），非硬质化
		保持自然	岩石、砾石、卵石、粗砂、细砂、淤泥等
3	植被	人工/半人工化	植被受到不同程度的破坏或人工改造
		保持自然	无或较少人为干扰，自然、种类多样，外来入侵种少
4	水文	径流时间	常流水，间歇性径流，干枯
5	人为影响下的河流连续性	影响径流、泥沙和生物连续性的工程或行为	堰、坝、闸、涵洞等工程或人为取水等
河岸			
6	河岸的改造	保持自然	无护堤工程，保持自然
		受宽型护堤工程的束窄	一岸或两岸建有护堤工程，距水体较远，部分束窄河流空间，但影响较小
		受窄型护堤工程的束窄	一岸或两岸建有护堤工程，距水体近，明显束窄河流空间，影响较大
河漫滩			
7	土地利用及相关属性	土地利用类型及社会经济发展程度	自然河滩地（有水体恢复空间） 耕地、果园等（水体恢复空间有限） 道路、房屋等（没有水体恢复空间）
其他			
8	外界胁迫因子	取水	有/无
		污水排放、垃圾倾倒	有/无
		河道侵占	有/无
		采砂	有/无

2. 监测方法

河流水文地貌监测应在汛期或其前后开展。采用徒步实地调查，从河流出口开始沿下游向上游调查。划分调查单元，最短不小于 10m、最长不大于 500m。采用 GPS 设备，进行每个单元的起始点定位、路线跟踪与特征调查、记录。采用 GIS 技术完成调查数据的输出、整理与制图。

2.2.4 物理化学监测

定期定点采集河流水样，监测水体的物理、化学性质。根据现场情况，设置若干个监测点，汛期每月采样一次，大雨后加测，非汛期每季度采样一次。地表水测定项目包括水温、溶解氧（DO）、总氮（TN）、总磷（TP）、高锰酸钾指数（COD_{Mn}）、五日生化需氧量（BOD_5）、悬浮物（SS）等，湖、库、塘坝等加测叶绿素 a 与透明度。

2.3 河流生态评价

借鉴欧盟国家特别是德国的河流生态评价方法，确定北京山区河流生态评价要素与方法，见表 2-4。实行分要素评价，根据河流各个生态要素的监测结果进行生态评价。

表 2-4　　北京山区河流生态评价要素与方法

评价要素		评价方法与指标
生物	底栖动物	多指标综合评价，工程前后定量对比，对比指标包括物种数量、清洁种数量、生物多样性指数等
	植被	多指标综合评价，工程前后定量对比，对比指标包括物种数量、生物多样性指数等
	浮游生物	多指标综合评价，工程前后定量对比，对比指标包括物种种类、数量、水体富营养化程度
	鱼类	多指标综合评价，工程前后定量对比，对比指标包括物种数量和年龄结构
水文地貌		按照河流水文地貌分级标准评价（5 级）
水质（物理化学）		按照国家地表水水质标准评价（5 类），工程前后定量对比，对比指标为水质类别

2.3.1　基于河流生物的生态评价

1．底栖动物评价

底栖动物对水体的清洁程度具有很强的指示性，评价指标采用底栖动物数量、组成和多样性等。底栖动物物种多、多样性指数高，反映出河流良好的生态状况。底栖动物的耐污种数量及其耐污程度可协助判断水质好坏：底栖动物清洁种越多，指示河流水质情况越好；耐污种类的出现并且数量较多，说明河流水质情况差、受到一定污染。

根据 Shannon–Wiener 多样性指数（H）对水质的评价标准见表 2–5。

表 2–5　　Shannon–Wiener 多样性指数（H）评价标准

$H=0$	$0<H<1$	$1\leqslant H<2$	$2\leqslant H\leqslant 3$	$3<H$
严重污染	重污染	中污染	轻污染	清洁

2．植被评价

监测河流水生和陆生植物，通过植物的组成、数量和生长状况，判断河流生态状况的好坏。物种丰富、生物多样代表了较好的生态状况。植物入侵种的多寡也反映了河流受干扰的程度，入侵种多、受干扰强，对应较差的生态状况。

3．浮游植物评价

监测湖、库、塘坝等静态水体中的浮游植物，了解浮游植物的组成、密度及优势种群，并计算多样性指数等指标。根据国内有关湖（库）富营养化的评价标准（表 2–6），评价水体富营养化程度。

表 2–6　　基于浮游植物的湖（库）营养状态评价

营养水平	密度 /（万个 · L^{-1}）	多样性指数	均匀度指数	卡尔森营养状态指数
贫营养型	<30	>3	0.5 ~ 0.8	<37
中营养型	30 ~ 100	1 ~ 3	0.3 ~ 0.5	37 ~ 53
富营养型	>100	<1	0 ~ 0.3	>54

2.3.2 基于河流水文地貌的生态评价

人类活动对河流水文地貌的影响主要表现在裁弯取直、缩小断面、修坝和河道渠道化等，使其水文地貌特征由多样向单一变化，使河流丢失其自然潜能，丧失生态空间与生物多样性，休息娱乐功能降低（图 2–4）。

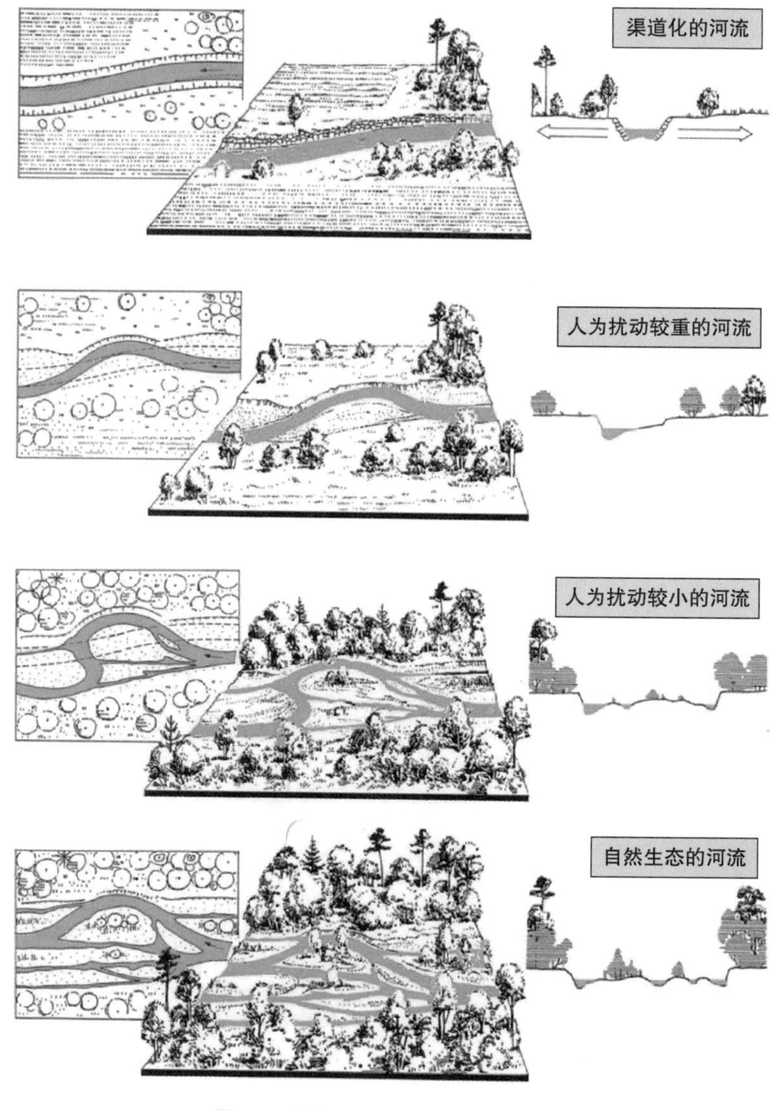

▲ 图 2-4　人类活动对河流水文地貌的影响

水文地貌评价是河流生态评价的重要内容。借鉴德国的 7 级分类体系，从北京山区实际情况出发，以反映人类活动干扰的不同程度为主要分级原则，以人类大规模活动以前的生态状况为主要参照系，建立了北京山区河流水文地貌 5 级分类体系和快速评价方法 RASH（Rapid Assessment of Stream Hydromorphology）。具体分级标准见表 2–7，相应照片如图 2–5 所示。

表 2–7　　河流水文地貌分级标准

级别	特性	示意照片
Ⅰ级：优	保持自然，沟道连续，无污水、垃圾、采砂采石等，无人为干扰	图2–5（a）
Ⅱ级：良	接近自然，流水与泥沙输移畅通，沟道一岸被束窄，河底与地下水连通，无横向拦挡建筑物	图2–5（b）
Ⅲ级：中	河道水流与泥沙输移受中等程度影响，河道两岸被束窄，河底连通，有一些小型跌水或横向拦挡建筑物，但不阻碍河流连续性	图2–5（c）
Ⅳ级：差	河道水流与泥沙输移受较大影响，河道两岸被束窄，河底连通，有横向拦挡建筑物，在一定程度上阻碍河流连续性	图2–5（d）
Ⅴ级：劣	沟道两岸受束窄，河底硬质化、不透水，与地下水无连通	图2–5（e）

（a）Ⅰ级

（b）Ⅱ级

▲ 图 2-5（一）　各级水文地貌河道示意图

（c）Ⅲ级

（d）Ⅳ级

（e）Ⅴ级

▲ 图 2-5（二） 各级水文地貌河道示意图

2.3.3 基于水质（物理化学）的生态评价

按规范开展河流水质监测，对照《地表水环境质量标准》（GB 3838—2002）开展水质分类与定级，以此评价水质的好坏，并评估工程修复前后的水质变化（表 2–8）。

表 2–8 地表水环境质量标准基本项目标准限值（部分） 单位：mg/L

序号	项目 \ 标准值 \ 分类	Ⅰ类	Ⅱ类	Ⅲ类	Ⅳ类	Ⅴ类
1	水温	人为造成的环境水温变化应限制在： 周平均最大温升≤1℃ 周平均最大温降≤2℃				
2	pH值（无量纲）	6～9				

续表

序号	标准值　分类 项目	Ⅰ类	Ⅱ类	Ⅲ类	Ⅳ类	Ⅴ类
3	溶解氧　≥	饱和率90%（或7.5）	6	5	3	2
4	高锰酸盐指数　≤	2	4	6	10	15
5	化学需气量（COD）　≤	15	15	20	30	40
6	五日生化需氧量（BOD_5）　≤	3	3	4	6	10
7	氨氮（NH_3—N）　≤	0.15	0.5	1.0	1.5	2.0
8	总磷（以P计）　≤	0.02（湖、库0.01）	0.1（湖、库0.025）	0.2（湖、库0.05）	0.3（湖、库0.1）	0.4（湖、库0.2）
9	总氮（湖、库，以N计）　≤	0.2	0.5	1.0	1.5	2.0
10	铜　≤	0.01	1.0	1.0	1.0	1.0
11	锌　≤	0.05	1.0	1.0	2.0	2.0
12	氟化物（以F^-计）　≤	1.0	1.0	1.0	1.5	1.5
13	硒　≤	0.01	0.01	0.01	0.02	0.02
14	砷　≤	0.05	0.05	0.05	0.1	0.1
15	汞　≤	0.00005	0.00005	0.0001	0.001	0.001
16	镉　≤	0.001	0.005	0.005	0.005	0.01
17	铬（六价）　≤	0.01	0.05	0.05	0.05	0.1
18	铅　≤	0.01	0.01	0.05	0.05	0.1
19	氰化物　≤	0.005	0.05	0.2	0.2	0.2
20	挥发酚　≤	0.002	0.002	0.005	0.01	0.1
21	石油类　≤	0.05	0.05	0.05	0.5	1.0
22	阴离子表面活性剂　≤	0.2	0.2	0.2	0.3	0.3
23	硫化物　≤	0.05	0.1	0.2	0.5	1.0
24	粪大肠菌群　≤	200个/L	2000个/L	10000个/L	20000个/L	40000个/L

基于水质对富营养化的评价采用评分法进行，即利用河湖藻类生长旺盛时期水质指标的相关关系确定评分值，判断河湖营养程度。评分模式见式（2–1），分值评价标准见《水域纳污能力计算规程》（SL 348—2006）对富营养化评分的规定（表2–9）为

$$M = \frac{1}{n}\sum_{i=1}^{n} M_i \tag{2-1}$$

式中 M——湖泊营养状态评分指数值；

M_i——第 i 个评价参数的评分值；

n——评价参数的个数。

表2–9 湖（库）营养状态评价标准

营养状态	指数M	总磷 /（mg·L^{-1}）	总氮 /（mg·L^{-1}）	叶绿素a /（μg·L^{-1}）	高锰酸钾指数 /（mg·L^{-1}）	透明度 /m
贫营养	10	0.001	0.02	0.5	0.15	10
	20	0.004	0.05	1	0.4	5
中营养	30	0.01	0.1	2	1	3
	40	0.025	0.3	4	2	1.5
轻度富营养	50	0.05	0.5	10	4	1
	60	0.1	1	2.6	8	0.5
中度富营养	70	0.2	2	6.4	10	0.4
	80	0.6	6	160	25	0.3
重度富营养	90	0.9	9	400	40	0.2
	100	1.3	16	1000	60	0.12

2.4 示范区生态现状监测与评价

遵循以上监测与评价方法对示范区6条河流（段）开展了生态监测与评价，摸清了修复前的河流生态状况和存在的问题，为修复目标的设定和修复措施的布局设计提供了坚实依据。

2.4.1　蛇鱼川上游（密云黄峪口小流域内）

流域内村庄附近的河段生态问题较多，主要表现在由于人类活动的集中，污水、垃圾的倾倒，对水体造成一定污染；底栖动物中出现了耐污染种。同时这些河段植被多样性也受到一定影响，植被种类单一，存在外来入侵物种。河道空间受到两侧河堤的挤占、束窄，一些横向坝的存在阻断了河道连续性。蛇鱼川上游河道生态监测和评价结果见表 2-10。

表 2-10　　蛇鱼川上游河道生态监测和评价结果

监测项目		评　价
生物	底栖动物	总采集底栖动物（2个监测点）14种，其中清洁种4种，指示水体为一般清洁到中等污染的状态，下游水体较上游清洁
	植被	全沟共有植物32科53属81种。各沟段植被状况差异大，村庄沟道受垃圾和其他人类干扰影响，植被单一、多样性指数低
	浮游植物	塘坝水体以绿藻占优势，也出现了微囊藻等富营养化指示种，评价为中营养状态
水文地貌		Ⅰ级、Ⅱ级沟道长度比例占66%，Ⅲ级至Ⅴ级34%，且多处存在挖砂、污水、垃圾和取水等人为活动，人类活动对沟道存在不利影响
物理化学		沟道流动水体水质良好，为Ⅱ～Ⅲ类；塘坝水体受总氮（TN）影响，为Ⅴ类

2.4.2　怀九河下游北宅大桥附近河段（怀柔北宅）

河流水体生态状况受到人类干扰较严重，水文地貌等级以Ⅲ级和Ⅳ级为主。北宅大桥下游河道内砂石坑遍布，对水体连通性和景观都造成较大影响，导致河流生态功能有所退化。怀九河下游北宅大桥附近河段生态监测和评价结果见表 2-11。

表 2-11　　怀九河下游北宅大桥附近河段生态监测和评价结果

监测项目		评　价
生物	底栖动物	采集底栖动物（2个监测点）17种，其中清洁种7种，指示水体为清洁至一般状态
	植被	共有植物22科35属49种。各监测点植被多样性指数2.08～2.80，物种较丰富。下游受人类挖砂影响，水体不连续，植被多样性下降。边坡硬质化，植被稀少
	鱼类	共监测发现鱼9种，暂未取得鱼类数量与年龄结构监测结果

续表

监测项目	评价
水文地貌	Ⅰ级长度比例不及5%，大部分为Ⅲ级和Ⅴ级河道。河道特别是下游存在挖砂、垃圾乱弃等现象，破坏了河道地貌与水体连通。上游横向拦水坝不利于河流纵向连续
物理化学	地表水质良好，Ⅰ～Ⅱ类，符合饮用水源地的水质要求

2.4.3 下水沟（延庆上水沟小流域内）

下水沟为季节性河流，近年受天气和人为影响，河流常年干涸，对水体生物的种类和数量产生较大影响，植被物种以湿生和旱生为主，无底栖动物。河道水文地貌主要问题集中在村庄边，河道束窄严重，影响到了防洪空间的保障和河道横向连通性。河道上两个塘坝的水体流动性差，加之周边农地面源污染，水质较差，富营养化较严重。下水沟生态监测和评价结果见表 2–12。

表 2–12 下水沟生态监测和评价结果

监测项目		评价
生物	底栖动物	沟道无常流水，不具备底栖动物生存条件
	植被	共有植物30科66属80种，沟道里以陆生植被为主。村庄段河道植被单一，入侵种多，局部段种植作物
	浮游植物	两个塘坝处于富营养化状态，藻类细胞密度高，属蓝—绿藻型结构
水文地貌		Ⅱ级以上河道占总长的76.3%；其余23.7%的河道受束窄，影响了防洪空间及沟道横向连通性。河道多处被挖砂采砂，村庄沿线河道垃圾随意堆放
物理化学		河道无常流水，两个塘坝水质为Ⅲ~Ⅳ类水

2.4.4 四海镇沟（延庆西沟里小流域内）

流域内村庄和人口分布较少，河道受人为干扰轻，生物、水文地貌及水质状况整体较自然，仅存在垃圾等污染问题。四海镇沟生态监测和评价结果见表 2–13。

表 2–13 四海镇沟生态监测和评价结果

监测项目		评价
生物	底栖动物	底栖动物6种，其中清洁种2种，指示水体为轻污到中污状态
	植被	共有植物29科61属72种。除村庄边河道受到一定干扰，其他地方植被较丰富并且多样性指数较高，平均2.68

续表

监测项目	评　价
水文地貌	Ⅰ级和Ⅱ级河段长度占总长的92%，河道保持较好的纵向和横向连通性
物理化学	沟道水质良好，Ⅲ类以上

2.4.5　蔺沟河源段（昌平花果山小流域内）

河道受人为干扰较大，河堤束窄和横向截流坝普遍分布，河流纵向连续性和横向连通性受到严重破坏，从而影响到生物、水质等各方面的生态状况。因此改造横向和束窄工程、恢复水体连续性是本流域河道修复的关键。蔺沟河源段生态监测和评价结果见表2–14。

表2–14　　　　蔺沟河源段生态监测和评价结果

监测项目		评　价
生物	底栖动物	底栖动物4种，其中清洁种1种，底栖动物数量多、但多样性不足
	植被	共有植物26科36属39种。常年有水，植被茂密，基本为水生和湿生植被，下游植被较中上游良好
水文地貌		Ⅰ级和Ⅱ级河段长度占总长的49.5%，其余段受两岸河堤束窄和横向截流坝的拦阻严重，对水生态状况造成较大影响
物理化学		下游水质较好，其他河段水质较差（Ⅲ～Ⅴ类）

2.4.6　温榆河河源段（昌平王家园小流域内）

河道位于远山区，流域内村庄和人口分布少，对河道干扰轻。河道生物、水文地貌和水质等各要素均保持较好的生态状况，河流应以保护为主。温榆河河源段河道生态监测和评价结果见表2–15。

表2–15　　　　温榆河河源段河道生态监测和评价结果

监测项目		评　价
生物	底栖动物	底栖动物5种，其中清洁种2种，底栖动物数量多、但多样性不足
	植被	共有植物28科48属67种。中上游常年有水，植被茂密；下游段植被受人类改造，植被较单一、覆盖度低
水文地貌		Ⅰ级和Ⅱ级沟段长度占总长的97.1%，水文地貌特征保持较好的自然状况
物理化学		水质良好（Ⅰ～Ⅱ类），符合水功能区要求

第3章　河流生态修复目标及实现途径

在河流生态修复的目标方面，存在着不同的内涵，从过程、目标到相关措施都有较大的差异，主要如下：

（1）完全复原 (Full Restoration)，使河流生态系统的结构和功能完全恢复到干扰前的状态；首先是河流地貌学意义上的恢复，这就意味着拆除河流上的大坝和大部分人工设施，把属于河流的空间全部还给河流，允许河流自由的冲淤变化，恢复原有的河流蜿蜒形态，在河流水文地貌系统恢复的基础上促进其生物系统的恢复。

（2）修复（Rehabilitation），使河流生态系统的结构和功能部分地恢复到干扰前的状态；通过实施生态修复措施，河流生态状况得到改善，但由于不能把属于河流的空间全部还给河流，河流自由的冲淤变化过程还受到局限。

由于北京山区山高坡陡，人口密度较大，山区居民基本上是依河而居，将河流完全恢复到干扰前的状态，在空间上实现起来比较困难。北京山区河流生态修复工程的目标为"修复（Rehabilitation）"，改变过去河道治理工程的负面影响，改造现存的混凝土工程现状，尽可能恢复河流的自然生态功能，增加水体的生态价值。

根据示范区生态监测结果，部分山区河流在村庄附近河段由于束窄严重、横向拦水建筑物多、岸坡硬化、河道内采砂、垃圾堆积等方面的影响，造成河流植物种类单一、底栖动物少、水文地貌等级低及水质差等生态问题，在造成河流生态功能下降的同时，河流的防洪、景观及休闲娱乐功能也降低了。

因此，在生态修复目标上，除设置生态目标外，还应综合设置防洪、水质改善、景观改善及休闲娱乐目标。北京山区河流生态修复目标见表 3–1。

表 3–1　　北京山区河流生态修复目标

防洪目标	具备足够的防洪空间，减少洪水灾害发生
水质目标	水质优良，没有污染
生态目标	（1）保持生态最小流量； （2）自然的水文地貌特征； （3）河流纵横向连续； （4）自然的生境条件,生物多样性
休闲娱乐目标	有亲水的途径和设施，环境优美

3.1 防洪空间拓展目标及实现途径

1．目标

理想目标：把属于河流的防洪空间全部还给河流。

基本目标：达到河流防洪标准。

原则目标：修复后，防洪空间不减少。

2．实现途径

主要包括河滩地退耕还给河道，跨河桥路改造、违章建筑物拆除，废弃物淤积物清理，河堤向外改移等。在流域尺度上要安排管理及生态补偿措施，主要包括在河道防洪空间以外区域，帮助当地村民修建高标准梯田来补偿退耕还水的损失；建设亲水措施和景观改善措施，利用生态河道的休憩与生态旅游价值吸引旅游，用旅游收入补偿退耕还水的农地等收入。

3.2 水质改善目标及实现途径

1. 目标

理想目标：有条件的情况下，河流水质应达到地表水Ⅱ类及以上水质标准。

基本目标：河流水质达到当地地面水环境质量功能区划要求。

原则目标：修复后，河流水质标准不降低。

2. 实现途径

主要包括垃圾污染物清除、截污和植物过滤带建设等；在流域尺度上要安排管理措施，主要包括流域内村庄配置垃圾收集装置，配备卫生管理员，推行村收集、镇运输和区县处置的垃圾处置模式；源头污染物资源化利用，建设小型污水处理设施设备，加强农地化肥农药的管理等。

3.3 生态改善目标及实现途径

1. 目标

理想目标：达到人为扰动前的原生态河流状况。

基本目标：修复河段的水文地貌等级应达到Ⅱ级（含）以上等级的标准，河流纵向连续、横向联通，生物多样性提高。

原则目标：修复后河流水文地貌等级提升，河流纵横向连续性改善，生物多样性程度提高。

2. 实现途径

主要包括河流水文地貌修复、河流纵向连续性和横向连通性修复、栖息地改善（生境条件修复）等。

（1）河流生态修复需要空间，根据河流防洪空间的状况及可扩展空间情况，制定河流水文地貌修复规划。

（2）根据可扩展的防洪空间大小，配置生态修复措施。

（3）按照复制自然的方法进行生态修复，使用自然的修复材料。

（4）尽可能恢复河道环境条件的多样性，如急流、缓流、深潭和浅滩等，环境条件的多样性为生物多样性创造条件。

（5）施工时注意自然植被和自然生境的保护，特别是乔木的保护。

（6）需机械施工及管理的河段，结合休闲旅游设施的建设，保留并完善部分在施工时修建的河床与堤顶路之间的通道，为以后河道的机械化管理奠定基础。

（7）自然植被自我恢复需要时间，河流生态修复期要考虑自然植被恢复需要的时间。

3.4 休闲娱乐功能提升目标及实现途径

1. 目标

河流低水位时，可用于休憩旅游；有亲水的途径、设施和安全保障，环境景观优美。

环境景观优美目标的实现，更多的是要依靠河流生态修复技术措施的实施。

河流发生洪水和高水位的情况下，禁止用于休憩旅游。

2. 实现途径

主要包括河滨带沙滩、浅滩、水景观、汀步、步道、木栈道、停车场和亲水平台等设施建设。河流在低水位时可供游人休闲娱乐，但应有专人管理，设置安全提示、进行卫生清洁和树立宣传牌等；洪水发生时，应启动洪水预警，封闭亲水途径，关停亲水设施等。

3.5 示范工程生态修复目标及措施配置

根据示范区6条河流生态监测和评价结果，制定各个河道的生态修复目标及措施配置方案，完成河道生态修复的规划和设计。

3.5.1 蛇鱼川上游（密云黄峪口小流域内）

1．问题

（1）在河道内丢弃垃圾、堆放薪柴等。

（2）浆砌石谷坊坝等横向拦水建筑物11处（座），阻碍河道的纵向连续性。

（3）修路等破坏河道边坡。

（4）河道内采砂、采石等不合理的人为活动，破坏河道水文地貌。

2．修复目标

（1）防洪目标：修复后防洪空间不减少，防洪能力不降低。

（2）水质改善目标：河流水质达到当地地表水环境要求，水质质量不降低。

（3）生态修复目标：河流纵向连续性增强、河流水文地貌等级提高，生态质量改善、生物多样性提高。

（4）休闲娱乐目标：环境优美，有亲水的途径、设施。

3．措施配置

生态修复河段长6.7km，生态保护河段长12.1km。总体上分为上游侵蚀防护河段、村庄生态景观河段和下游生态保护河段3个功能区。小流域内河道生态恢复的措施配置（图3-1）如下：

（1）河道清理：包括垃圾清理、沟道整理2项措施。

（2）横向连通性修复：包括生态护坡、河滩地整理、管道出口改造3项措施。

（3）纵向连续性修复：包括浆砌石谷坊改造1项措施。

（4）生境构建：包括河床码石、洗矿池改造、挖砂河段生态恢复等3

项措施。

（5）亲水措施：自然石水景构建及岸上道路硬化2项。

（6）流域管理措施：垃圾污染物清除、河流附近村庄配置垃圾收集装置，配备卫生管理员，推行村收集、镇运输和区县处置的垃圾处置模式，设置宣传牌等。

▲ 图3-1 蛇鱼川上游（黄峪口小流域内）河道生态修复措施配置图

3.5.2 怀九河下游河段（怀柔北宅）

1. 问题

（1）北宅大桥下游段河床上遍布砂石坑，水文地貌和动植物均遭到破坏，河流生物多样性降低。

（2）北宅大桥下游段两岸岸坡已采用宾格网治理，岸坡上植被少，景观差。

（3）北宅大桥上游段河道边坡有土壤侵蚀问题，有冲刷现象。

（4）北宅大桥上游段河道建有横向拦水坝，影响河道的纵向连续性。

2. 修复目标

（1）防洪目标：修复后防洪空间不减少，防洪能力不降低。

（2）水质改善目标：河流水质达到当地地表水环境要求，水质质量有所提高。

（3）生态修复目标：构建河流蜿蜒自然子槽，沟通上下游水体，河流纵向连续性和横向连通性改善，河流水文地貌等级提高，栖息地改善、生物多样性提高。

（4）休闲娱乐目标：环境优美，有亲水的途径、设施。

3. 措施配置（图 3-2）

（1）水质改善：建设岸坡植物过滤带，河道内垃圾清除。

（2）纵向连续性修复：跌水（拦水坝）改造，修建蜿蜒子槽。

（3）横向连通性修复：块石岸坡防护、插柳条护坡、活体柳木桩岸坡防护、椰纤植生毯护坡。

（4）栖息地改善（生境条件修复）：湿地恢复。

（5）水文地貌修复：河道环境清理、子槽开挖、砂石坑改造，微地形构建。

（6）自然植被及生境保护：施工时河道内自然植被和自然生境的保护，河床自然植物的自我修复。

（7）休闲娱乐措施：停车场、堤顶道路、汀步、景观改善、宣传牌。

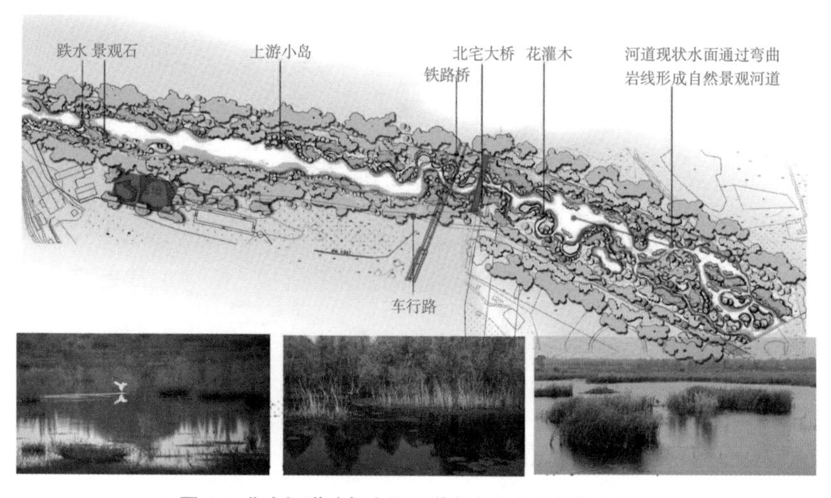

▲ 图 3-2 北宅河道（怀九河下游段）生态修复措施配置图

3.5.3 下水沟（延庆上水沟小流域内）

1．问题

（1）村庄附近河道段被束窄，防洪空间不足，行洪能力降低。

（2）多为浆砌石等硬性护岸，河道横向连通性差。

（3）在沟道内堆放薪柴、垃圾、废弃物等，挤占防洪空间，且带来污染问题。

2．修复目标

（1）防洪目标：扩大河流防洪空间，达到河流防洪标准。

（2）水质改善目标：河流水质达到当地地表水环境要求，水质质量不降低。

（3）生态修复目标：河流纵向连续性和横向连通性改善，河流水文地貌等级提高，生物多样性提高。

（4）休闲娱乐目标：环境优美，有亲水的途径、设施。

3．措施配置（图 3–3）

本次生态修复范围为下水沟与菜食河交汇处至下花楼村，长 6.2km，生态保护沟段长 16.6km。

（1）防洪空间拓展：河滩农耕地退耕还水；浆砌石河堤拆除，河堤后移，河流水文地貌重塑、河床清淤。

（2）水质改善：垃圾清理、两岸建绿化过滤带。

（3）水文地貌修复：河道环境清理、微地形改造、子槽开挖。

（4）横向连通性修复：纵向浆砌石坝拆除、自然块石及植物护岸、蜿蜒岸坡。

（5）生境构建：湿地恢复。

（6）休闲娱乐设施：修建木桥、汀步、景观木平台、仿木栏杆、自然块石园路、休憩平台和桥梁等设施。

（7）流域管理措施：垃圾污染物清除、河流附近村庄配置垃圾收集装置，配备卫生管理员，推行村收集、镇运输和区县处置的垃圾处置模式，设置宣传牌等。

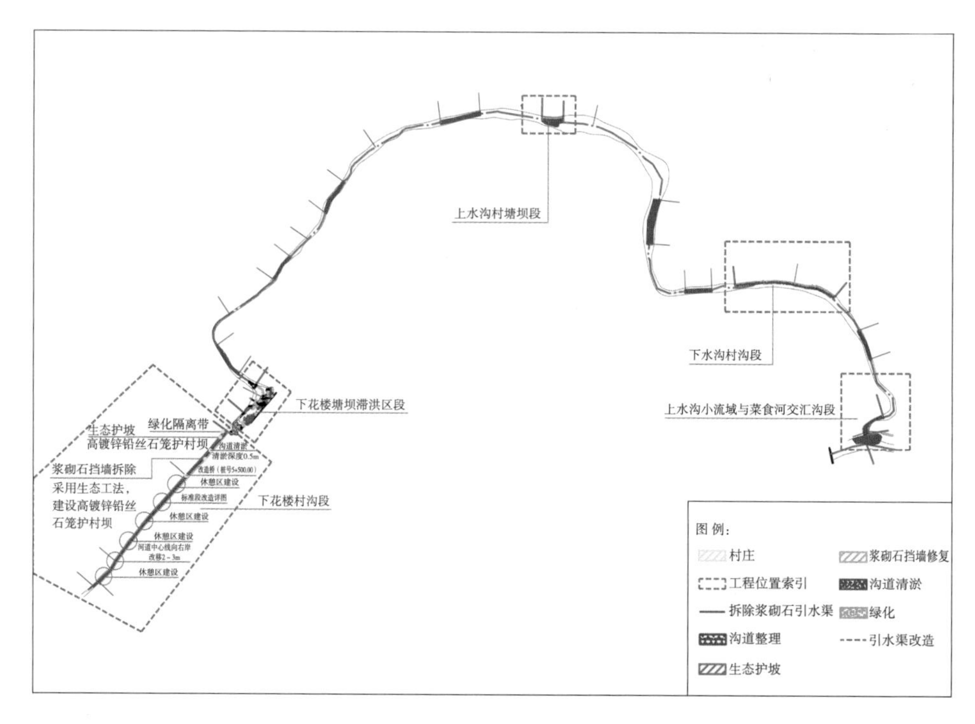

▲ 图 3-3　下水沟（上水沟小流域）河道生态修复措施配置图

3.5.4　四海镇沟（延庆西沟里小流域内）

1．问题

河道自然生态，仅在村庄附近有垃圾丢弃现象。

2．目标

对河道的自然生态属性进行保护，清除河道内垃圾等污染物，恢复岸边带植物。

3．措施配置

（1）水质改善技术措施：垃圾污染物清除、植物过滤带建设。

（2）管理及生态补偿措施：河流附近村庄配置垃圾收集装置，配备卫生管理员，推行村收集、镇运输和区县处置的垃圾处置模式，宣传牌。

3.5.5　蔺沟上游河源段（昌平花果山小流域内）

1. 问题

（1）沟道内渣土、垃圾堆积严重，影响沟道行洪。

（2）在几百米长的沟道范围内分布着19座横向截流坝，河道纵向连续性差。

（3）河道两岸有浆砌石防洪坝，沟道横向连续性差。

（4）由于横向拦水建筑物滞水，河道水质较差。

2. 修复目标

（1）防洪目标：修复后防洪空间不减少，防洪能力不降低。

（2）水质改善目标：河流水质至少提高一个级别，达到当地地表水环境要求。

（3）生态修复目标：河流蜿蜒性增强，河流纵向连续性提高，河流水文地貌等级提高，栖息地改善、生物多样性提高。

（4）休闲娱乐目标：环境优美，有亲水的途径、设施。

3. 措施配置（图3–4）

（1）水质改善技术措施：垃圾污染物清除、截污、河道清理、植物过滤带建设。

（2）河流横向连通性：子槽边坡码石防护。

（3）河流纵向连续性：19座浆砌石拦水坝改造，子槽开挖。

（4）栖息地改善（生境条件修复）：自然石水景构建，施工时注意自然植被和自然生境的保护。

（5）河流水文地貌修复：微地形改造。

（6）休闲娱乐措施：亲水台阶及步道，3座桥梁。

（7）流域管理措施：河流附近村庄配置垃圾收集装置，配备卫生管理员，推行村收集、镇运输和区县处置的垃圾处置模式。

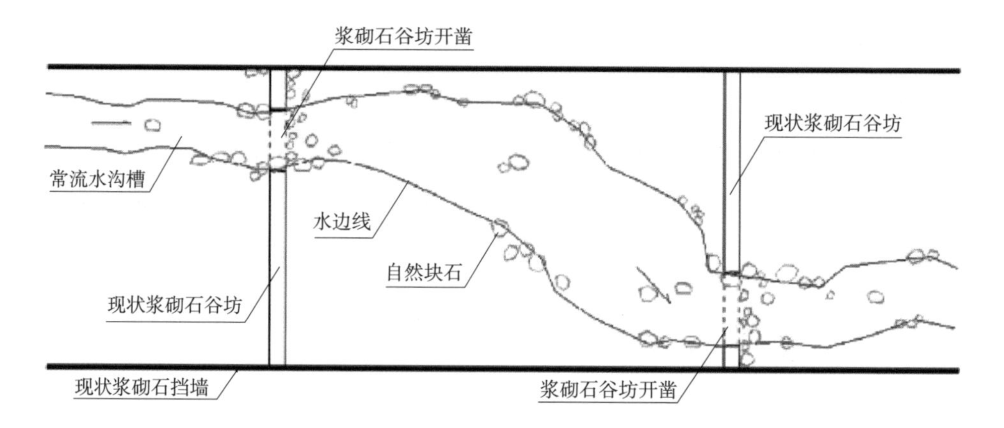

▲ 图 3-4　蔺沟上游河源段（花果山小流域内）河道生态修复措施配置图

3.5.6　温榆河上游河源段（昌平王家园小流域内）

该示范区河道自然生态，以保护为主，生态修复措施为植物过滤带建设。

第4章　河流生态修复技术

4.1 修复原则

（1）在河流生态修复的做法上应体现“顺应自然”的理念，按照复制自然的方法修复河流，这是河流生态修复的根本原则。

（2）给河流空间，允许水流对河道的冲淤变化，利用自然水流对河道地貌的冲淤塑造，改善河流的水文地貌特征，自然恢复动植物；水流对河道冲淤形成自然的水文地貌特征是可持续的河道自我修复。

（3）保持河流平面形态多样性，河流在平面上要宜宽则宽、宜弯则弯，蜿蜒自然；深潭、浅滩、急流和缓流交替出现，地貌地理景观复杂多样，提高并恢复动植物生存环境，达到良好的河流水文地貌多样性及多样的栖息地环境条件，为生物群落多样性创造条件。

（4）维护河流纵向连续性、横向连通性及垂向渗透性。河流在纵向上保持连续，没有阻碍水流冲刷及泥沙输移的障碍物，水流冲淤平衡，流态多样；河流在横断面上，无硬性阻隔，横向连通，断面多样化，河岸带蜿蜒自然，植物错落分布；河床微地形起伏变化多样，垂向与地下水能够联通，形成良好的河流水文地貌特征及多样的环境条件。

（5）河流自然恢复的动植物符合自然发展规律，最适应当地的水、土、气条件，且维护成本低。在植物措施配置上，重点在适宜植被恢复的水土条件的修复，少量配置乡土先锋植物种，引导植被的自我恢复，给予植被自我恢复时间。

（6）在河道的生态修复中，应该使用自然的修复材料，如自然石和植被等，避免使用浆砌石、砖等人工材料，因为在自然的河道中只有自然材料，没有浆砌石、砖块等人工材料。

4.2 修复技术要点

河流生态修复技术主要包括防洪空间拓展、水文地貌修复、河流纵向连续性修复、河流横向连通性修复和利用生态导向修复等。河流修复应遵循自然河流的特性（图 4-1）来开展。

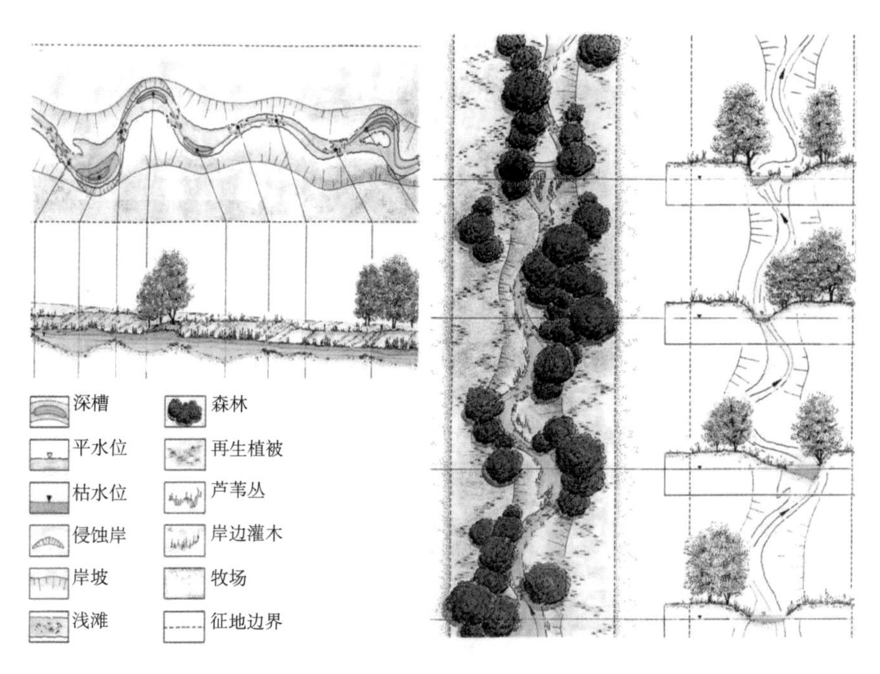

▲ 图 4-1 自然河流的纵断面、平面和横断面图

4.2.1 防洪空间拓展

河道防洪空间拓展的程度制约生态修复的程度，根据河沟道防洪标准、洪水淹没范围现状及防洪空间可拓展潜力，进行防洪空间拓展措施配置。如图 4-2 所示，如防洪空间拓展范围小，可局部拆除硬质护岸，降缓坡度，采

用植物护坡；如防洪空间拓展的足够大，可全部拆除硬质护岸，采用植物及自然块石护坡护脚；如防洪空间可拓展的很大，可完全按照生态河流在平面、纵断面和横断面上的技术要求及生态修复方法配置河流行洪空间拓展措施。

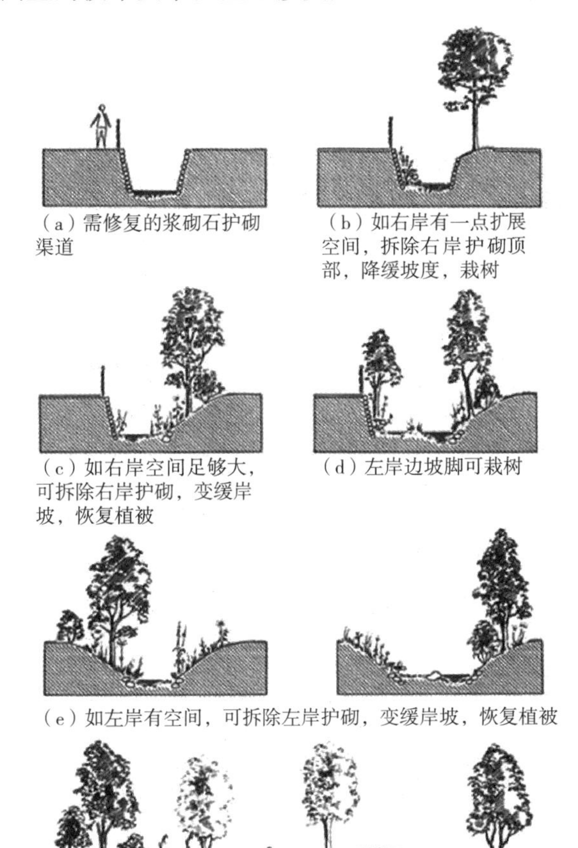

（a）需修复的浆砌石护砌渠道

（b）如右岸有一点扩展空间，拆除右岸护砌顶部，降缓坡度，栽树

（c）如右岸空间足够大，可拆除右岸护砌，变缓岸坡，恢复植被

（d）左岸边坡脚可栽树

（e）如左岸有空间，可拆除左岸护砌，变缓岸坡，恢复植被

（f）如空间足够大，可恢复成这样的断面

▲ 图 4-2　防洪空间拓展示例

4.2.2　水文地貌修复

河流防洪空间的大小制约了河流水文地貌蜿蜒特征的修复程度，一般基于防洪空间拓展程度来规划河流的蜿蜒性；如图 4–3 所示，深蓝色的线条为准备进行生态修复的渠道化河流。在红色居住区附近的渠道化河段，因为没有可拓展的防洪空间，因此没有条件进行水文地貌修复；在居住区上游，如

果黄色区域规划为可拓展的防洪空间，其水文地貌可规划为灰色虚线显示的蜿蜒自然河道子槽；如果规划的可拓展的防洪空间再大，延伸至绿色虚线范围，该河段的水文地貌可规划为淡蓝色虚线显示的更加蜿蜒自然状态的河道子槽。在有长流水的河道，应利用水流自由的冲刷淤积变化过程，实现水文地貌多样性的修复。

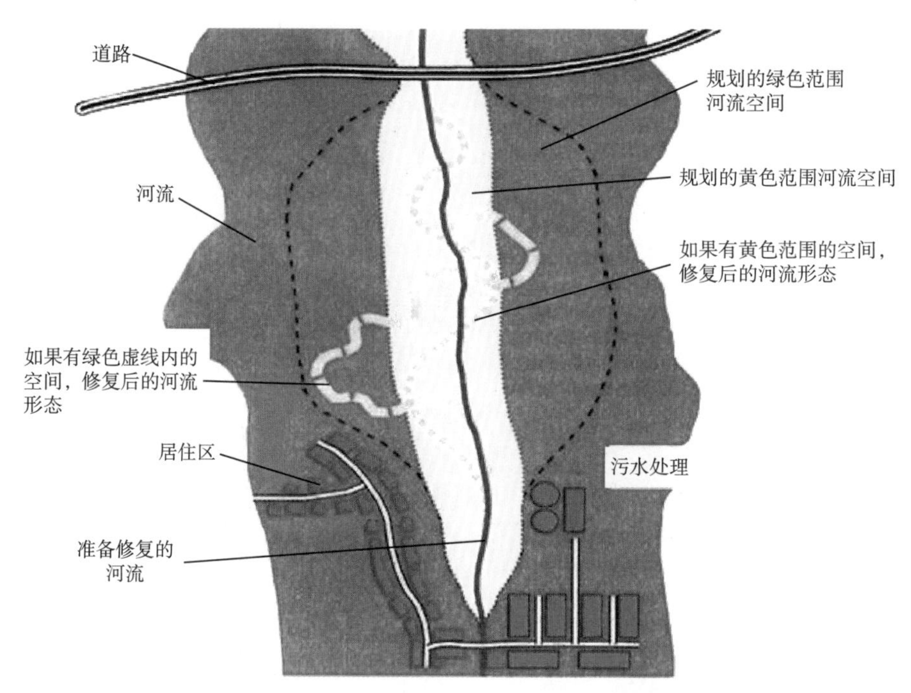

▲ 图 4-3 不同河流防洪空间拓展条件下的河流蜿蜒性修复

4.2.3 河流纵向连续性修复

河道纵向连续性影响着河流水体的流速和流量，进而决定了河流的泥沙输移、冲淤变化。纵向延伸的河流是生物通道之一,影响着河流的生物多样性。山区河流上分布着许多小型拦水建筑，影响了河流的纵向连续性，甚至造成洪水灾害。河流纵向连续性修复的主要措施是拆除横向拦水建筑物或改造为透水性的码石散水坝等（图 4–4）。设计中，应根据河道纵坡、流速、流量及水位等条件，合理确定散水坝的型式、高度、沿水流方向的宽度、散水坝的坡度及单块石头粒径等。

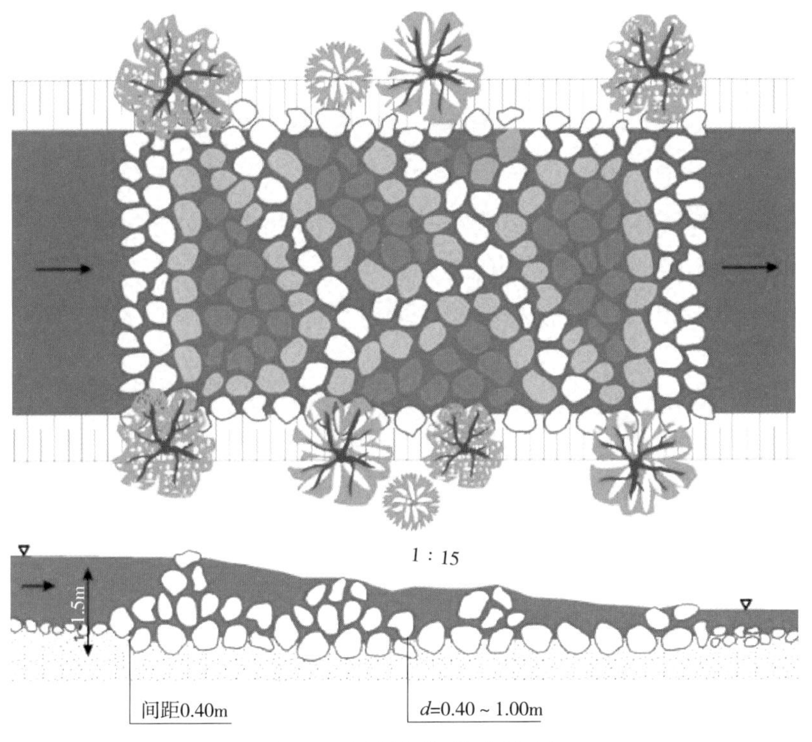

▲ 图 4-4　**透水性码石散水坝设计**

4.2.4　河流横向连通性修复

（1）河堤应该蜿蜒自然，避免直线化、直墙或人工痕迹很强的岸坡形式。

（2）在河流子槽、坡脚等水流湍急的部位采用石块或堆石防护，不应采用浆砌石防护形式。

（3）防护标准不达标时，应扩大河流的防洪空间，尽量不采用防护堤的形式。

（4）山区河道既要排导流域上游的洪水，也要排导河道两侧山体产生的雨水径流；为使河道两侧山体产生的径流顺利排入河道，河流堤顶高程不应高于外侧地面高程。

（5）河道周边地带应保持自然，形成自然的植物过滤带，净化雨水径流，防止面源污染。

（6）尽量采用生态导向的方法达到河流的自我修复状态。

4.2.5 利用生态导向修复

在有长流水的河道，应尽量利用生态导向方法，依靠河流自我修复潜力，恢复河流的生态功能。

图 4–5（a）为河流修复前的渠道化状态，按图 4–5（b）配置修复措施。在需要拓展空间的河段导向性地拆除护堤，允许水流冲刷，在需要保护的河段坡脚导向性地配置石块、堆石或植物防护，改变河流原有的水流冲刷和泥沙输移平衡状态。通过自然水流对河道地貌进行冲淤塑造，改善河流的水文地貌特征，恢复动植物，直到河流形成新的水流冲刷及泥沙输移平衡，达到河流的自我修复状态［图 4–5（c）］。

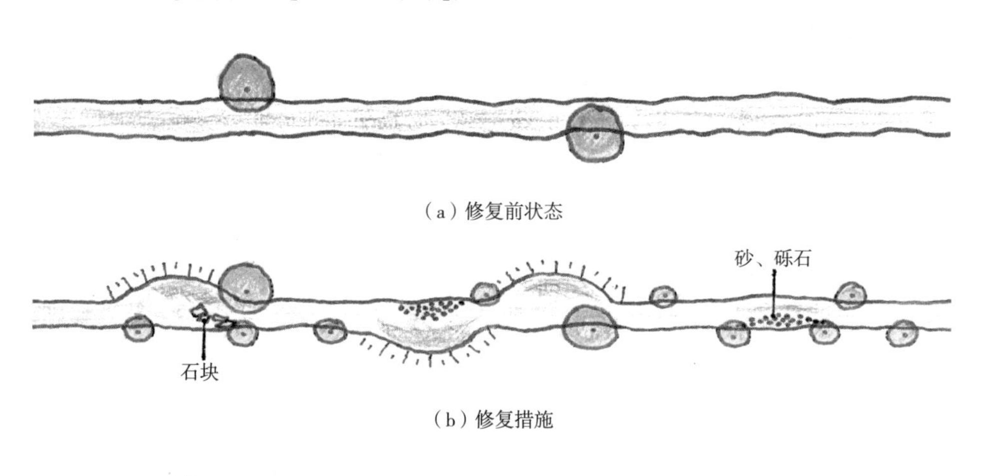

▲ 图 4-5　利用生态导向方法修复河流示意图

第5章　河流生态修复工程实践

5.1　防洪空间拓展

5.1.1　浆砌石防护坝拆除

问题：防洪空间小，横向不连通，水文地貌等级低，休闲娱乐功能差。

修复目的：拓展防洪空间，修复横向连通性及水文地貌，增加栖息地环境多样性，改善景观及休闲娱乐功能。

技术要点：右侧硬性河堤拆除外移，新建蜿蜒、石块及植物防护河堤，构建滩地、湿地、小岛等多样生境与景观。

地点：下水沟（延庆上水沟小流域内）河道下花楼塘坝上游（图5–1）。

（a）修复前（2009年11月）

（b）修复后（2013年7月）

▲ 图5-1（一）　浆砌石坝拆除

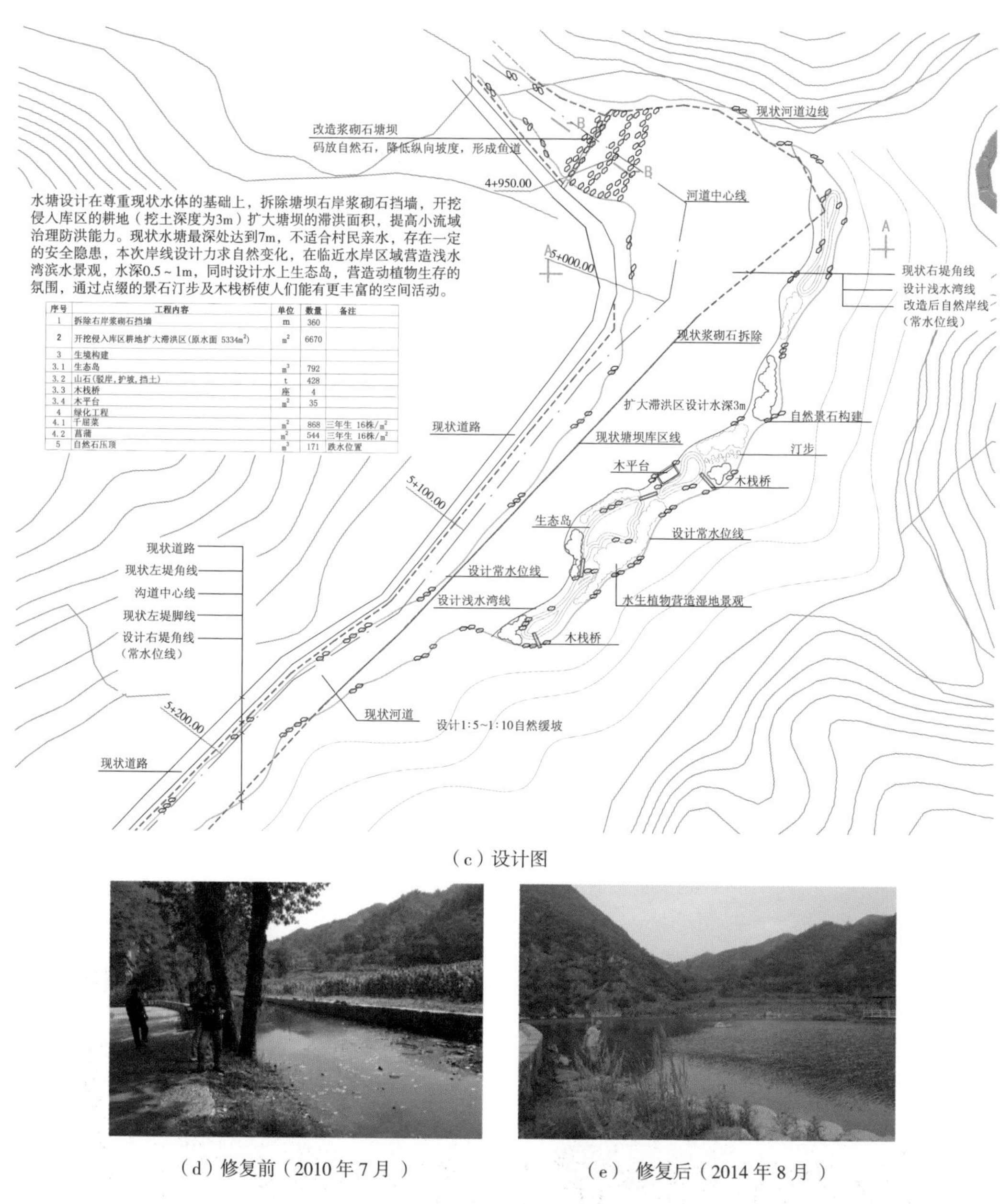

序号	工程内容	单位	数量	备注
1	拆除右岸浆砌石挡墙	m	360	
2	开挖侵入库区耕地扩大滞洪区（原水面 5334m²）	m²	6670	
3	生境构建			
3.1	生态岛	m³	792	
3.2	山石（驳岸，护坡，挡土）	t	428	
3.3	木栈桥	座	4	
3.4	木平台	m²	35	
4	绿化工程			
4.1	千屈菜	m²	868	三年生 16株/m²
4.2	菖蒲	m²	544	三年生 16株/m²
5	自然石压顶	m³	171	跌水位置

（c）设计图

（d）修复前（2010 年 7 月）

（e）修复后（2014 年 8 月）

▲ 图 5-1（二） 浆砌石坝拆除

5.1.2 河道局部段拓宽

地点：德国穿慕尼黑城市的伊萨河（图 5-2）。

（a）修复前的河流

（b）局部修复后的河流（一）

（c）局部修复后的河流（二）

（d）修复后的河流

▲ 图 5-2　河道局部段拓宽

5.2 河流水质改善

5.2.1　河道垃圾清理

问题：河道内堆积垃圾等污染物，影响行洪安全并污染河流。

修复目的：移除垃圾等污染物。

技术要点：清理垃圾，整理河道地形，清除物运至合适的地点妥善处置。

地点：蛇鱼川上游（密云黄峪口小流域内）河道（图 5–3）。

（a）清理前（2009 年 11 月）

（b）清理后（2014 年 8 月）

▲ 图 5-3　河道垃圾清理

5.2.2 植被过滤带

问题：河道两侧农田的面源污染问题。

修复目的：净化入河径流，防治面源污染。

技术要点：河道两侧 5m 范围内免耕或种植植物，恢复植物带。

地点：德国巴伐利亚州（图 5–4）。

▲ 图 5-4 植物过滤带

5.3 河流水文地貌修复

5.3.1 破损河床修复（一）

问题：河床遍布砂石坑，河道断流，岸坡硬化，底栖动物及植被多样性低。

修复目的：砂石坑整治，硬质岸坡绿化，恢复河道子槽，沟通水系，提高水文地貌等级，改善栖息地环境，提高河流生态、景观及休闲娱乐功能。

技术要点：砂石坑整理形成急流、缓流、深潭、浅滩和岛屿等地形地貌的多样性，修建自然蜿蜒子槽，沟通水流，硬质岸坡覆土绿化，施工中保护河道内原有植物，河底植物自然恢复。

地点：怀九河下游怀柔北宅段（图 5–5）。

（a）修复前左边坡（2009 年 11 月）

（b）修复后左边坡（2014 年 8 月）

（c）修复前右边坡（2009 年 11 月）

（d）修复后右边坡（2013 年 7 月）

（e）修复前河道（2009 年 11 月）

（f）修复中河道（2012 年 5 月）

（g）修复前砂石坑（2009 年 11 月）

（h）修复后湿地（2014 年 8 月）

（i）修复后子槽（2014 年 8 月）

▲ 图 5-5（一）　河道砂石坑治理及硬质岸坡绿化

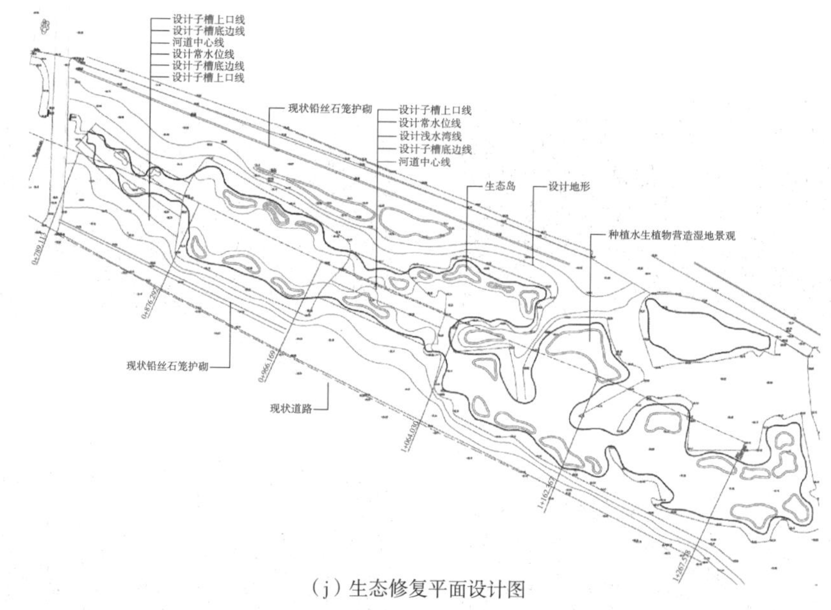

（j）生态修复平面设计图

▲ 图 5-5（二） 河道砂石坑治理及硬质岸坡绿化

5.3.2 破损河床修复（二）

问题：采砂破坏了河道水文地貌。

修复目的：采砂坑修复，恢复河道原貌。

技术要点：整理恢复原河道地形地貌，码放适宜块石稳定河床，自然恢复植被。

地点：蛇鱼川上游（密云黄峪口小流域内）河道（图 5–6）。

（a）修复前（2009 年 11 月）

（b）修复后（2012 年 10 月）

▲ 图 5-6（一） 滥采砂石河道改造

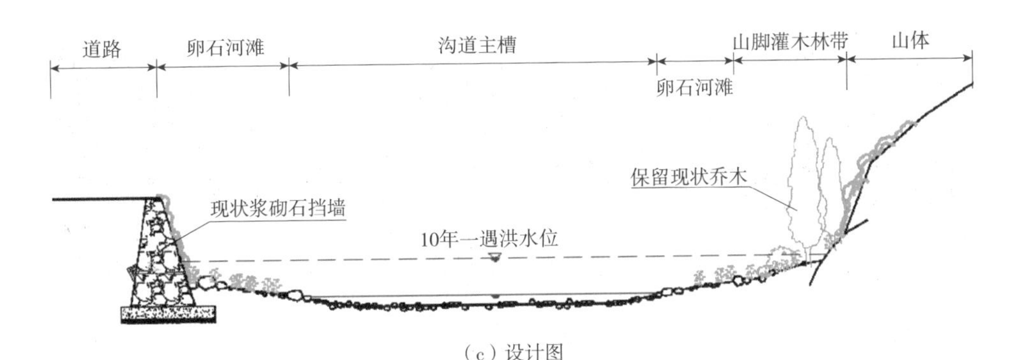

（c）设计图

▲ 图 5-6（二）　滥采砂石河道改造

5.3.3　生境多样性修复

问题：河流水文地貌单一，直线型河道。

修复目的：更大的河流空间，形成具有蜿蜒自然、深潭、浅滩、急流和缓流的水文地貌，创造多样生境。

技术要点：拆除原有硬性护岸，允许河流自由冲刷河岸，冲淤平衡，形成凸凹蜿蜒岸边线，采用自然块石护岸，河床地形多样性重塑。

地点：德国巴伐利亚州伊萨河支流（图 5–7）。

（a）修复前的河道（河道形态单一，直线型河道、空间小）

▲ 图 5-7（一）　生境多样性

（b）修复后的河道（更大的河流空间，河道形态蜿蜒自然，深潭浅滩交替）

（c）修复后的河道（急流缓流交替，生态环境多样）

▲ 图 5-7（二） 生境多样性

5.4 河流纵向连续性修复

5.4.1 横向浆砌石谷坊坝改造

问题：浆砌石谷坊群降低河流纵向连通性。

修复目的：在固定河床的同时，提高河道的纵向连续性。

技术要点：拆除露出河床的浆砌石，改为码石散水坝；散水坝要形成缓坡，坝上预留小水位时的流水子槽；石头大小要适宜，石块咬合码砌。

地点：蛇鱼川上游（密云黄峪口小流域内）河道（图 5-8）。

（a）修复前（2009 年 11 月）

（b）修复后（2012 年 8 月）

▲ 图 5-8（一） 横向浆砌石谷坊坝改造

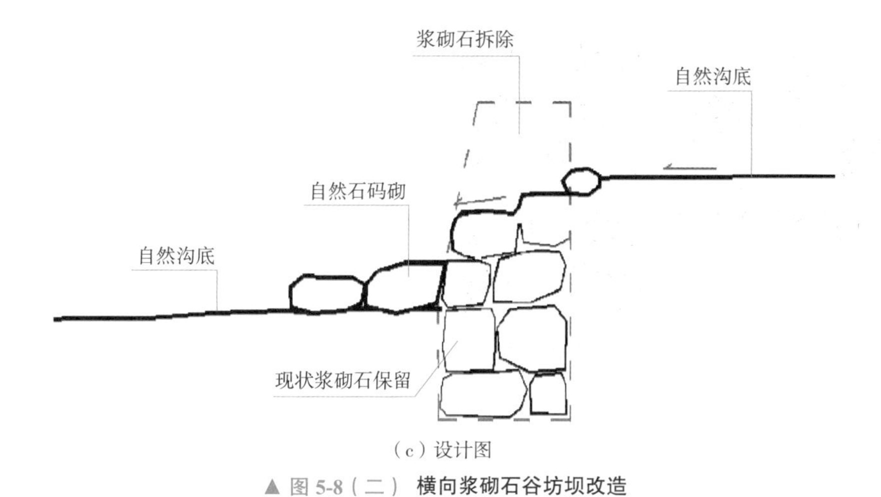

（c）设计图

▲ 图 5-8（二）　横向浆砌石谷坊坝改造

5.4.2　横向浆砌截流坝改造

问题：横向浆砌截流坝影响河流纵向连续性。

修复目的：提高河道的纵向连续性。

技术要点：拆除露出河床的浆砌石，改为码石散水坝，坝上预留小水位时的流水子槽；石头大小要适宜，石块自然咬合码砌，位于上游的石块要大于下游的石块。

地点：怀九河下游北宅大桥上游（图 5–9）。

（a）修复前（2010 年 8 月）

（b）修复中（2011 年 11 月）

▲ 图 5-9（一）　横向浆砌截流坝改造

(c)修复后(2012 年 8 月)

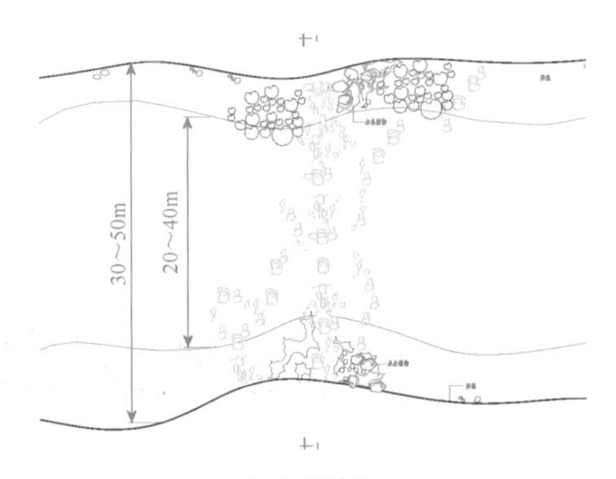

(d)设计图

▲ 图 5-9(二) 横向浆砌截流坝改造

5.4.3 横向浆砌石截流坝群改造

问题：河道两侧为浆砌石护堤，且连续分布着 19 座浆砌石横向拦水坝，河道内有垃圾，坝后水质富营养化，河道纵向连续性和横向连通性差；河道两岸为居民区，在河道横向上没有可拓展的空间。

修复目的：提高河道的纵向连续性，改善水质，提高水文地貌等级。

技术要点：拆除 19 座坝露出河床部分的浆砌石，改为码石散水坝。坝前河底高程可适当降低，自然形成坝前水面。修建子槽，沟通水流。相邻两座散水坝上子槽的位置要错开，以便形成蜿蜒的子槽，在子槽易冲刷部位要码石防冲。

地点：蔺沟河源段(昌平花果山小流域内)河道(图 5-10)。

(a)修复前(2009 年 11 月)

(b)修复中(2012 年 5 月)

▲ 图 5-10(一) 横向浆砌石截流坝群改造

（c）修复前（2009 年 8 月）

（d）修复后（2012 年 8 月）

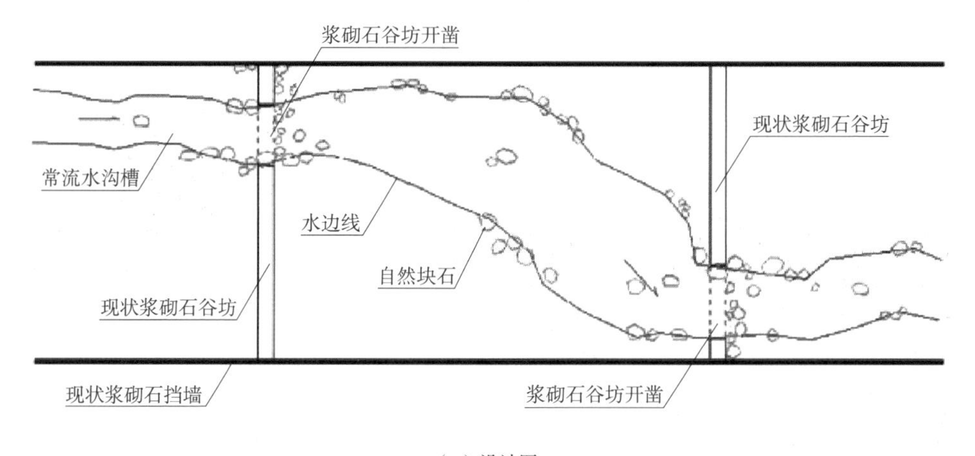

（c）设计图

▲ 图 5-10（二）　横向浆砌石截流坝群改造

5.4.4　散水坝改造

问题：散水坝没有基础，宽度窄，坝与左右岸没有衔接，自然石尺寸小，抗冲能力低。

修复目的：提高散水坝的质量及功能。

技术要点：选择尺寸大的自然石；上下摆放两层自然石，其中一层埋在河床下；增加散水坝宽度，2 ～ 3 块自然石组成散水坝宽度；增加散水坝的长度，与左右两岸相连；自然石之间互相咬合，摆放要平稳。

地点：下水沟（延庆上水沟小流域内）主沟道出口与菜食河交汇处（图 5–11）。

（a）修复前（2012 年 5 月）

（b）修复后（2014 年 8 月）

（c）修复前（2012 年 5 月）

（d）修复后（2013 年 7 月）

▲ 图 5-11　散水坝改造

5.4.5　横向拦水坝改造

问题：河道纵向不连续，鱼类不能洄游。

修复目的：横向拦水坝改为自然石散水坝。

技术要点：根据河道纵坡、流速、流量及水位等条件，合理确定散水坝的形式、高度、沿水流方向的宽度、散水坝的坡度及单块石头粒径等。

地点：德国巴伐利亚州伊萨河（图 5–12）。

（a）修复前　（b）修复中

（c）修复后　（d）设计图

▲ 图 5-12　横向拦水坝改造

5.5 河流横向连通性修复

5.5.1　河堤改移

问题：河道束窄，渠道化，防洪空间小，水文地貌等级低。

修复目的:提高河道横向连通性，拓展防洪空间，提高水文地貌等级。

技术要点：拆除干砌石护堤坝，河堤后移，岸坡蜿蜒自然，自然石护坡，石块大小适宜，互相咬合摆放。

地点：下水沟（延庆上水沟小流域内）河道（图 5-13）。

（a）修复前（2009 年 7 月）

（b）修复后（2013 年 7 月）

（c）修复前（2011 年 11 月）

（d）修复后（2013 年 7 月）

▲ 图 5-13　**河堤改移**

5.5.2　自然石及植物护岸

问题：岸堤有土壤侵蚀及冲刷现象。

修复目的：保护岸坡，减少土壤侵蚀及冲刷。

技术要点：采用自然石、活体柳树桩及灌木等自然材料护坡。石块大小适宜，互相咬合摆放。柳条桩秋季栽植，覆土保墒。

地点：怀九河下游（怀柔北宅小流域内）河道（图 5-14）。

5.5.3　坡脚码石防护

问题：坡度较大，边坡裸露，有土壤侵蚀和冲刷问题。

（a）修复前（2009年11月）

（b）修复后（2012年10月）

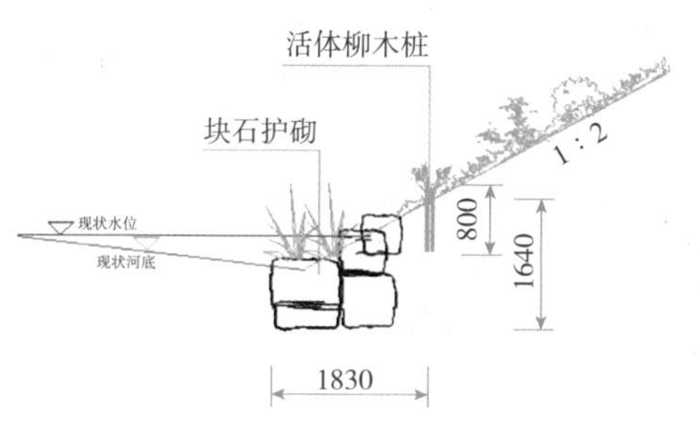

（c）设计图

（d）修复前（2010年5月）

（e）修复后（2014年8月）

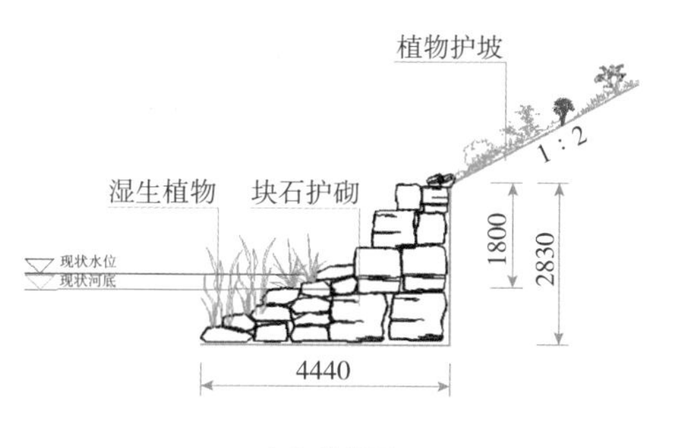

（f）设计图

▲ 图 5-14　自然石及植物护岸

修复目的：保护岸坡，减少土壤侵蚀及冲刷。

技术要点：坡脚码石，坡上种草；石块大小要适宜，互相咬合摆放。

地点：下水沟（延庆上水沟小流域内）河道出口与菜食河交汇处（图5-15）。

（a）修复前（2012 年 5 月）

（b）修复后（2012 年 10 月 ）

（c）修复后（2013 年 7 月 ）

▲ 图 5-15　**坡脚码石防护**

5.5.4　干砌石护坡

问题：修路破坏了河道的自然边坡，坡度较大，边坡不稳定。

修复目的：保护岸坡，减少土壤侵蚀及冲刷。

技术要点：干砌石护坡，石块大小适宜，互相咬合码砌，大石块压顶。

地点：蛇鱼川上游（密云黄峪口小流域内）河道（图 5-16）。

（a）修复前（2009 年 11 月）

（b）修复后（2014 年 8 月）

▲ 图 5-16　干砌石护坡

5.6 休闲娱乐及亲水措施

（1）汀步（图 5–17）。

（a）怀九河下游（怀柔北宅，2011 年 11 月）

（b）怀九河下游（怀柔北宅，2012 年 10 月）

（c）下水沟河道（延庆上水沟小流域内，2012 年 5 月）

（d）下水沟河道（延庆上水沟小流域内，2013 年 7 月）

▲ 图 5-17　汀步

（2）休憩平台（图 5–18）。

（a）下水沟河道（延庆上水沟小流域内，2014 年 8 月）

（b）下水沟河道（延庆上水沟小流域内，2013 年 7 月）

▲ 图 5-18　休憩平台

（3）河滨带沙滩（图 5–19）。

▲ 图 5-19　德国慕尼黑附近的伊萨河河滨带沙滩

（4）堤顶道路（图 5–20）。

（a）怀九河下游（怀柔北宅）

（b）蛇鱼川上游（密云黄峪口小流域内）

▲ 图 5-20　堤顶道路

第6章 河流生态修复示范工程效益评估

示范工程完成后再次实施生态监测，数据显示修复后示范区底栖动物种类、清洁种数量及多样性指标均大幅提高，植被种数量提高、入侵种数量减少、多样性指数提高，水文地貌和水质状况均得到不同程度的改善，项目生态效益显著。

6.1 生物状况改善效果

6.1.1 底栖动物恢复效果

当水体连通及水质改善后，底栖动物相应产生的变化相对及时而明显。统计了6条小流域所有监测点工程实施前后底栖动物物种、数量和生物多样性等指标，发现底栖动物的物种数量显著增加，生物多样性也有大幅度提高（表6–1）。

表6–1　　示范区底栖动物恢复效果

监测点		工程前（2010年）		工程后（2013年）	
		物种种数	多样性指数	物种种数	多样性指数
蛇鱼川上游（密云黄峪口小流域内）	土台沟道	6	1.73	15	2.69
	转山子沟道	8	2.03	21	2.74
怀九河下游（怀柔北宅）	铁路桥下	12	1.51	无法涉水，未监测	
	北宅桥上	8	1.65	22	3.48
	北宅桥下	0	0	25	2.82

续表

监测点		工程前（2010年）		工程后（2013年）	
		物种种数	多样性指数	物种种数	多样性指数
下水沟（延庆上水沟小流域内）	无常流水，未监测				
四海镇沟（延庆西沟里小流域内）	下游沟道	6	1.60	8	2.18
蔺沟河源段（昌平花果山小流域内）	新沟截流	无法涉水，未监测		10	6.08
	新沟沟道出口	4	0.25	15	2.15
温榆河河源段（昌平王家园小流域内）	流域下游	5	1.43	9	1.76

6.1.2 植被恢复效果

统计了 6 条小流域所有监测点（包括主要工程恢复段和下游控制点）工程实施前后的植被种类和生物多样性，发现各监测点植被物种数量普遍增加、生物多样性升高，表明河流生态修复工程使得人类干扰程度下降或消除，植被正朝着自然恢复的方向演变（表 6–2）。

表 6–2　　示范区植被恢复效果

监测点		工程前（2010年）		工程后（2013年）	
		物种种数	多样性指数	物种种数	多样性指数
蛇鱼川上游（密云黄峪口小流域内）	山神庙上游段	21	2.37	21	2.44
	山神庙下游段	0	0	11	1.51
	土台沟道	25	2.03	27	2.18
	转山子沟道	53	3.38	46	3.16
怀九河下游（怀柔北宅）	铁路桥	30	2.80	20	1.66
	北宅桥上	14	2.63	25	2.52
	北宅桥下	19	2.26	43	2.67
	下游	16	2.08	25	1.89

续表

监测点		工程前（2010年）		工程后（2013年）	
		物种种数	多样性指数	物种种数	多样性指数
下水沟（延庆上水沟小流域内）	下花楼塘坝村边沟道	13	1.34	17	1.50
	下花楼塘坝	21	2.05	21	2.07
	上水沟塘坝	13	2.21	14	2.27
四海镇沟（延庆西沟里小流域内）	西沟里村边沟道	18	2.42	21	2.57
	西沟外村沟道	14	2.05	14	1.49
	下游沟道	22	3.04	25	3.01
蔺沟河源段（昌平花果山小流域内）	新沟工程起点	9	0.9	17	1.5
	新沟截流	14	0.97	16	1.36
	新沟沟道出口	22	2.55	21	2.37
温榆河河源段（昌平王家园小流域内）	黄楼院口村下游	22	2.19	24	2.25
	下游沟道	20	1.67	27	2.58

6.2 水文地貌状况改善效果

河道水文地貌特征的修复是本示范工程的重点，也取得了显著的成效。经调查和统计，6 条河流生态修复工程实施前后水文地貌特征有了整体改善，6.61km 长的河段（占总数的 11.78%）水文地貌等级由Ⅲ～Ⅳ级提升为Ⅰ～Ⅱ级（表 6–3）。人为扰动的影响因素有了明显消除，河道内垃圾基本清理，挖砂采石段基本修复。

表 6-3　示范区水文地貌恢复效果

水文地貌	修复前（2010年）		修复后（2013年）		变化	
等级	长度 / km	所占比例 /%	长度 / km	所占比例 /%	长度变化 /km	比例变化 /%
Ⅰ	11.16	19.89	11.17	19.91	0.01	0.02
Ⅱ	19.23	34.27	25.84	46.05	6.61	11.78
Ⅲ	17.57	31.31	13.48	24.02	–4.09	–7.29
Ⅳ	8.09	14.42	5.56	9.91	–2.53	–4.51
Ⅴ	0.06	0.11	0.06	0.11	0	0
合计	56.11	100	56.11	100	0	0

6.3 水质（物理化学）改善效果

本示范工程没有实施特别的截污、拦污措施，仅修复了水体的连续性和连通性，消除了垃圾等外界胁迫因子，为水质改善创造了条件。修复后，示范河道水质常年保持在Ⅲ类以上，部分河道水质在不同程度上得到提升，见表 6–4。

表 6–4　示范区水质恢复效果

河　　段	工程实施前	工程实施后
怀九河北宅大桥下游河道修复段	无水	Ⅱ类
蔺沟河源段（花果山小流域内）截流改造段	Ⅲ~Ⅴ类	Ⅱ类
蛇鱼川上游（黄峪口小流域内）转山子修复段	Ⅱ~Ⅲ类	Ⅰ类

6.4 河流生态状况综合改善效果

选择示范区典型河道生态修复段进行生态修复效果的综合对比与说明（表 6–5）。底栖动物与植被物种增加、生物多样性提高，水文地貌级别提升，反映河流的生境及其生物状况都有了质的变化，取得了预期效果。

表 6–5　　修复前后典型河沟段生态监测结果对比表

项目区	监测项目	工程前（2010年）	工程后（2013年）
蛇鱼川上游黄峪口土台沟道连通性修复处	植被	25种（入侵种2种），多样性指数2.03	27种（入侵种1种），多样性指数2.18
	底栖动物	6种（清洁种1种），多样性指数1.73	15种（清洁种3种），多样性指数2.69
	水文地貌	Ⅳ级	Ⅲ级
	物理化学	Ⅱ类	Ⅱ类
怀九河北宅桥下游水体连通处	植被	19种（入侵种2种），多样性指数2.26	43种（入侵种1种），多样性指数2.67
	底栖动物	无	25种（清洁种10种），多样性指数2.82
	水文地貌	Ⅲ级	Ⅱ级
	物理化学	无水	Ⅱ类
下水沟花家楼村沟道拓宽段	植被	13种（入侵种1种），多样性指数1.34	17种（入侵种1种），多样性指数1.50
	底栖动物	无水	无水
	水文地貌	Ⅲ级	Ⅱ级
	物理化学	无水	无水
蔺沟河源段花果山截流改造段	植被	14种（入侵种2种），多样性指数0.97	16种（入侵种2种），多样性指数1.36
	底栖动物	深水洼，未监测	10种（清洁种5种），多样性指数6.08
	水文地貌	Ⅳ级	Ⅲ级
	物理化学	Ⅲ类	Ⅱ类
四海镇沟西沟里下游段	植被	22种（入侵种1种），多样性指数3.04	25种（入侵种1种），多样性指数3.01
	底栖动物	6种（清洁种1种），多样性指数1.60	8种（清洁种3种），多样性指数2.18
	水文地貌	Ⅱ级	Ⅱ级
	物理化学	Ⅱ类	Ⅱ类

续表

项目区	监测项目	工程前（2010年）	工程后（2013年）
温榆河王家园下游段	植被	22种（入侵种1种），多样性指数2.19	24种（入侵种1种），多样性指数2.25
	底栖动物	5种（清洁种2种），多样性指数1.43	9种（清洁种5种），多样性指数1.76
	水文地貌	Ⅱ级	Ⅱ级
	物理化学	Ⅱ类	Ⅱ类

第7章 结论

本书是中德财政合作“小型水体生态修复研究与示范”项目成果的凝练与集中展示。该项目自2009年启动，2014年结束，首次从真正意义上将欧盟《水框架指令》治水理念贯穿于北京山区的河流生态修复中，落实于河流生态监测、评价、规划、设计、施工和后评估的各个环节中，形成了适宜于北京的生态治河模式和技术体系，在生态水利发展里程上迈出了跨越式的步伐。主要成果如下：

（1）采用国际先进的河流生态修复理念，改变传统的浆砌石混凝土治河技术，以恢复水体生态功能，改善水质、防洪、提升生态和景观价值为目标，体现了“尊重自然、顺应自然、保护自然”的生态文明理念，创新了当下的治河理念。

（2）提出了基于河流生物、水文地貌和水质全要素的山区河流生态监测与分级评价方法，建立了2项北京市地方标准，完成了包括示范区在内的北京市山区所有小流域主沟道的监测与评价，科学认识了北京河流生态现状，有效评估了河流修复效果，引领了河流监测与评价技术的前沿。

（3）提出了基于参与式流域管理的河流生态修复模式、原则和技术要点，指导了示范区和推广小流域的生态措施配置与设计。

（4）开发与整合了防洪空间扩展、河流连通性恢复、河流水文地貌修复、休闲亲水条件改善等系列山区河流生态修复技术体系，具有先进性和实用性，开创了北方地区山区河流生态修复的成功先例，取得了显著的社会和环境效益，推广价值巨大。

该项目的成功实施打破了以往人类轻视自然规律、过度干预的治河方式，从生态意义上真正实现了河流的保护与利用，对北京市水源保护与生态环境建设有着积极的作用。由于该项目偏重于河流生态修复技术的应用与推广，在技术的理论基础、模型手段和工艺参数等方面均不完善，存在局限、不足，需要进一步探索和积累。

参考文献

［1］ Ode，P.R.，Herbst，D.，et.al. Standard operating procedures for collecting benthic macro invertebrate samples and associated physical and chemical data for ambient bioassessments in California.2007.

［2］ The AQEM consortium. A comprehensive method to assess European streams using benthic macro invertebrates. 2002.

［3］ Walter Binder，Albert Göttle，Birgit Wolf，Ye Zhihan. Guideline: Biological and Physico-chemical Monitoring; Assessment of hydro morphological features（Consult report of GFA）. 2011.

［4］ Ulrich Kamp · Walter Binder · Konrad H¨olzl. River habitat monitoring and assessment in Germany. Environ Monit Assess , 2007, 127: 209-226.

［5］ Technical Committee CEN/TC 230. Water quality - Guidance standard on determining the degree of modification of river hydromorphology（European standard）. 2008.

［6］ Walter Binder, AlbertGöttl, DuanShuhuai. Ecological restoration of small watercourses experiences from Germany and from projects in Beijing. International Soiland Water Conservation Research, 2015(3): 141-153.

［7］ 陈卫，胡东，付必谦，等.北京湿地生物多样性研究.北京:科学出版社，2007.

［8］ 陈燕.北京市湿地水生植物多样性研究（硕士论文）.北京：北京林业大学，2008.

［9］ 董哲仁，孙东亚，彭静.河流生态修复理论技术及其应用.水利水电技术，2009，40（1）:4-9.

[10] 董哲仁，孙东亚，等 . 生态水利工程原理与技术 . 北京：中国水利水电出版社，2007.

[11] 段学花，王兆印，徐梦珍 . 底栖动物与河流生态评价，北京：清华大学出版社，2010.

[12] 国家林业局 . 全国重点保护野生植物资源调查技术规程，2012.

[13] 马丁 . 格里菲斯，等 . 欧盟水框架指令手册 . 北京：中国水利水电出版社，2008.

[14] 马丁 . 格里菲斯，等 . 欧洲生态和生物监测方法及黄河实践 . 郑州：黄河水利出版社，2012.

[15] 刘丽，赵振国 . 河流生态服务价值与修复目标体系研究进展 . 安徽农业科学，2012，40（7）：4197–4201.

[16] 栾建国，陈文祥 . 河流生态系统的典型特征和服务功能 . 人民长江，2004，35（9）：41–43.

[17] 孟伟，张远，渠晓东，等 . 河流生态调查技术方法 . 2011.4.

[18] 王备新 . 大型底栖无脊椎动物水质生物评价研究（博士论文）. 南京：南京农业大学，2003.

[19] 吴敬东，段淑怀，叶芝菡 . 北京市山区小流域主沟道水文地貌调查与分级 . 中国水土保持科学，2013，6:33–38.

[20] 叶芝菡，段淑怀，吴敬东，等 . 北京山区河（沟）道生态监测与评价研究 . 中国水利，2014，10:30–32.

[21] 赵彦伟，杨志峰 . 河流健康：概念、评价方法与方向 . 地理科学，2005，25（1）119–124.

[22] 中国生态系统研究网络科学委员会 . 陆地生态系统生物观测规范 . 北京：中国环境科学出版社，2007.

[23] 中国生态系统研究网络科学委员会 . 水域生态系统生物观测规范 . 北京：中国环境科学出版社，2007.